图说山地建筑设计

（第 2 版）

GRAPHIC ILLUSTRATION OF HILLSIDE ARCHITECTURE DESIGN

宗轩 著

U0347437

同济大学出版社·上海

图书在版编目（CIP）数据

图说山地建筑设计 / 宗轩著 . --2 版 . -- 上海：
同济大学出版社，2020.10
（图说建筑设计 / 华耘，江岱主编）
ISBN 978-7-5608-9456-0

Ⅰ．①图⋯ Ⅱ．①宗⋯ Ⅲ．①山地－建筑设计－图解
Ⅳ．① TU29-64

中国版本图书馆 CIP 数据核字（2020）第 203822 号

图说山地建筑设计（第 2 版）

宗轩 著

责任编辑 由爱华 责任校对 徐春莲 封面设计 张 微

出版发行 同济大学出版社 www.tongjipress.com.cn
（地址：上海市四平路 1239 号 邮编：200092 电话：021-65985622）

经 销	全国各地新华书店	
印 刷	上海安枫印务有限公司	
开 本	787mm×1092mm 1/16	
印 张	12.5	
字 数	312 000	
版 次	2020 年 10 月第 2 版	
印 次	2025 年 1 月第 2 次印刷	
书 号	ISBN 978-7-5608-9456-0	
定 价	58.00 元	

再版序言

本书再版，作者请我写序，实感为难，一是我没有研究过山地建筑，二是本书原版序言是我的老师，研究山地建筑专家卢济威教授所作，所以我只能说点自己的感想。

记得 20 世纪 80 年代初，同济大学建筑设计课三年级开始设置山地建筑题目，一直延续到今天，是教学体系中建筑设计课一个必修环节。通过这个题目训练学生理解：建筑设计的环境观，由建筑群体布局与山势、山坡的结合关系，培养学生建筑如何与环境协调的环境观，运用工作模型的训练方法，加强学生的直观理解；建筑设计的空间观，运用从剖面开始设计的方法，不断从剖面到平面，再从平面到剖面的反复训练，加强学生对空间是建筑主体的理解；建筑设计的审美观，通过形体的塑造、材料的选择、以及群体的构思，让学生理解建筑并不是雕塑，它的审美因地制宜，是多方面的。山地建筑设计，"不仅能培养学生在倾斜和起伏地形条件下建筑空间和形态组织的技能，而且能训练建筑适应自然环境的设计方法"，更是让学生全面理解建筑真谛的有效训练。因此，1993 年全国高校建筑学专业指导委员会举办的第一届全国大学生建筑设计竞赛由同济大学负责出题，出题组经过讨论，确定了山地建筑为这次竞赛的题目。

如何利用山地、美化山地，让建筑与自然更协调、更生态，不仅是城市、乡村发展的需要，更是建筑师与城市规划设计师的重要使命。建筑设计离不开环境，天然的山地环境为设计者提供了创作之本，如何让建筑在所处的山地环境中孕育而生，如何让建筑师与城市规划设计师得心应手地应对变化地形环境的设计，《图说山地建筑设计》给予了有益的指点。

本书用图解的方法，以案例分析为主，深入浅出，轻松地叙述了山地建筑设计的规律，所选案例精典，剖析准确到位，归纳出合理的山地建筑设计创作过程，对于设计者，特别是初次接触山地建筑设计的学生来说，是一本很好的参考指导书。

2020 年 6 月于同济大学

序 言

　　地球陆地上，山地所占面积达 70%，远远超过平原所占有的面积。世界人口不断增长，能提供人们居住、工作的平原用地越来越少，长期以来人类的建设一直在向山地延伸，山地对于人类的发展更显重要。如何运用山地、建设山地、研究山地城市和建筑，是城市发展的重要课题。随着生态观念进一步深入人心，人们对山地建设显得格外谨慎。追求人与自然和谐，追求城市、建筑与自然和谐，是摆在城市与建筑设计者面前的重要任务。

　　山地建筑从形态学和空间组织学观察，主要是研究建筑如何适应不同的地面，从而出现不同的接地形式和独特的形体、空间表现。山地建筑的空间组织方法和规律，不但适用于起伏地形的建筑与城市设计，对于平地的建设也会受用。当前城市的立体化发展、地下公共空间建设及地形重塑手法的应用等，运用与借鉴山地空间组织方法会获得独特的空间景观效果。

　　山地建筑作为建筑设计教学的一个环节十分重要，不仅能培养学生在倾斜和起伏地形条件下建筑空间和形态组织的技能，而且能训练建筑适应自然环境的设计方法。本书用图解的方法阐述山地建筑设计的规律，并且以案例分析为主，深入浅出，对于初次接触山地建筑设计的学生来说能达到事半功倍的效果。

　　当前我国正处在快速城市化过程，一些城市规划设计师为了设计施工的方便而将地形推平，也有不少建筑师为了设计速度，照搬"优秀"建筑案例，不惜消灭地形，以致生态环境不能持续，景观特色无法获得。这当中设计师缺乏熟练的山地建筑设计技能也往往是不可回避的原因之一。为此，建筑师与城市规划设计师应加强山地建筑设计的基本训练，以得心应手地应对变化地形环境的设计，让城市建设更美、更可持续发展。

卢济威

2013 年 9 月

再版前言

　　山地建筑是相对于平地建筑而言的，当我们将其归类为山地建筑时，其实就是界定了其建设用地的特殊属性，一种不同于平坦用地的建设用地，而其所涵盖的功能类型则相当丰富。因此，对于山地建筑的设计研究可以说是架构在复杂用地基础上的建筑设计研究。由于建设用地在竖向上的差异而为设计带来了很大难度与不同于平地建筑的思维方式，这是一种需要充分认知环境特点的思维方式，是一种需要重视建筑与环境协调共融的思维方式，更是一种强调建筑空间组织方法的思维方式。

　　山地建筑设计是建筑设计教学中非常重要的一环。我们在长期的教学中发现，山地建筑设计的学习非常有助于学生们树立起正确的建筑观，树立从环境出发、因地制宜的设计观；同时山地建筑设计的研究能够快速培养学生们认知空间与塑造空间的能力，独特的山地环境非常有助于学生们挖掘环境元素、利用环境条件去构思创作，复杂的山地地形条件将推动学生去认知建筑空间与环境的相互关系，并调动学生运用设计手段去协调建筑与观景之间的空间关系，从而在山地环境之上构筑富有生命力的建筑空间。

　　与平地建筑类似，山地建筑也涵盖大部分的建筑类型，本书重点图解包括旅馆建筑、学校建筑、文化建筑在内的几类建筑设计的学习推进过程，帮助学生们厘清设计思路、抓住设计的关键点，从而更好地完成设计。根根学生的反馈，在第 2 版中增加了山地建筑经典案例与山地建筑课程设计的学生作品案例，通过对作品的分析来更好地帮助大家进行山地建筑设计的学习。

　　我国是个多山国家，山区面积占到总陆地面积的三分之二，较为极端的省份如贵州省，山区占比高达全省的 92.5% 以上，在山地进行大量建设是我们要面对的实际问题。在提倡保护生态环境、坚持可持续发展的当下，丢弃地形地貌、推而平之的设计应该被摒弃，尊重环境、重视地形特点、因地制宜的山地建筑是我们不懈努力的方向。

宗　轩

2020 年 6 月于同济大学

前 言

设计是可以学会的。

我非常认同这个观点，而我所从事的建筑设计教学，也正是以这个观点作为基本思想的。我们完全有理由认为，建筑设计是可以教授的，也同样是可以学会的。

然而，这也并不意味着任何人只要愿意，都能够具备设计所需要的能力。"机会往往留给有准备的人。"同样，设计的能力总是在那些肯付出、坚持不懈、勤于思考、善于发现的学生身上更早地体现出来。而作为专业教师，需要做的是给学生们提出一些建议，告诉他们如何获得设计的灵感、如何形成设计思路，并且在此基础上进一步工作，直至最终完成一个相对成熟的设计作品。

建筑语言是丰富的。然而，对于初学设计的学生来说，更多的问题是如何能使用建筑的语言表达设计意图，如何正确地表达设计思想。写作此书，希望能通过对设计过程的分析、图解，来帮助初学设计的学生们学会建筑设计思考的方式，学会设计语言，能够通过设计图纸准确地表达设计意图。

本书给学生归纳出一个合理的山地建筑设计创作过程，在讲述山地建筑设计原理的同时，也依据教学流程将课程设计分解为多个步骤加以描述分析。本书采用的是图文并进的方式，在建筑设计理论讲述的同时，辅以图解。这种图说建筑设计的方式有针对性地帮助学生们理解理论文字，同时，也可以体现出设计行为在每一个设计步骤中的过程性。当然，书中也有一些内容是设计中涉及，但没有进行深入讨论的，也希望读者在阅读本书之余，再进行其他相关内容的补充。

一直以来，面对很多初学设计的学生们求知的目光，总觉得很有责任告诉他们更多有关建筑的知识。建筑设计是一门需要融汇众多门类知识的综合性学科，建筑师总是希望能以自己的建筑语言来表达建筑所蕴含的某种精神，并且希望这种建筑的精神可以通过固化的建筑而不断地存在、传递下去。

建筑设计的过程，除了直觉与灵感的迸发，更需要设计的理性思考、扎实的专业知识与设计者坚持不懈地努力。希望读者能够随着本书的进程，在设计中不断修正设计，学会设计。

宗　轩

2013 年 9 月

目 录

第 1 章

山地建筑设计概述

1.1 山地建筑的概念和特点

1.1.1 基本概念

我国是个多山的国家，山地面积约占全部大陆面积的2/3（如 1 所示），而我国大部分城市坐落于平原，大多是在平地上建构建筑物，即使是山地地区也常采用"夷高地为平台"的建设模式。面对日益增长的人口与建设用地不断减少之间的压力，建设山地建筑是开拓生存空间的需要，同时也是获取资源、回归自然的需要，因此我们对于山地建筑的关注度也越来越高。

◉ 山地

在《辞海》中，山地被定义为："在陆地表面高度较大，同时坡度较陡，呈隆起性的地貌……它以较小的峰顶和面积区别于高原，又以较大的高度区别于丘陵。""山地"具有两个方面的地理学普遍特性：一定的绝对高度；一定的相对高度。根据中国科学院地理研究所1960年确定的标准，绝对高度大于500m，相对高度为200m以上的地形被归为"山地"。

而建筑学意义上，山地建筑的建筑基地——"山地"的概念与地理学的"山地"概念有相同之处，但建筑师对于建造场所的认识并不仅仅拘泥于具体的山体海拔高度、山体位置等地理学上的意义，如 2 所示，建筑师更多关注的是"山地"这种具有特殊场所感的建筑基地给予人的独特感受，以及整体地域系统对于建筑的影响，这其中包括山地地形、地貌的影响，山体植被、土壤的影响，气候水文条件的影响，地域风俗、文化历史等的影响，而所有这些都会对山地建筑的设计与建成产生作用。

◉ 山地建筑

通常将建在山地坡段上、并依坡势而建造的建筑称为山地建筑。山地丰富的地形与地貌变化赋予山地建筑独特的形态感染力和魅力。如建筑大师赖特应对特殊山地地理环境设计的不朽佳作——流水别墅（如 3 所示），山地建筑往往能够借助坡地地形，创造出独特的视觉空间以及与众不同的建筑特质。在实际建造开发上，山地地势起伏的特点决定了建筑在形态、景观、交通、技术等诸方面会产生与平地建筑不同的技术要求，在"山地建筑"这一类型的建筑设计中，有诸多需要应对的特殊之处。因此，山地建筑需要作为单独的类型建筑来进行学习。

山地建筑设计关键在于处理好三个基本物质要素——山体、植物、建筑之间的关系，而处理好人工建筑物与自然景观之间的关系，是取得山地建筑设计成功的关键。

1 图片来源：http://stuit.cn/youth/html/blog/1/200612232041.html.
3 图片来源：薛恩伦·弗兰克·劳埃德·莱特：现代建筑名作访评．北京：中国建筑工业出版社，2011.

1 中国地势分布情况

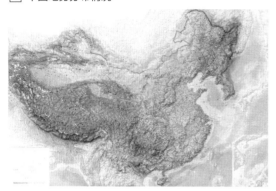

图中颜色由浅到深表示海拔逐步增加，从我国国土的地势资源分布状况来看，我国 2/3 国土位于山地地势之上。

2 建筑师对山地建筑的认识

建筑师需要对山地建筑建造场所的地形、地貌、气候、水文、地域风俗和历史文化等作有重点的、全方位的思考，并将其融合，这与地理学视角下对山地的认识有所不同。

3 流水别墅

在流水别墅的设计中，建筑大师赖特巧妙地利用山地地形、地势的特点进行创造性的设计建造，赋予山地建筑独特的感染力和魅力，成为建筑史上的不朽佳作。

1.1.2 设计特点

◉ **地形条件的复杂性**

山地地形往往会由于山体部位、形状的不同而各有差异,没有完全相同的两块山地建筑的地形。山地建筑的地形往往具有地质不稳定、地形复杂、气候多变、生物多样等多种特征。如[1]所示高原、丘陵与峡谷有完全不同的地形地貌特征,山体山脊、山坡、山谷等也具有不同的地形特点。山谷往往潮湿,易被水淹;山脊则取水困难,不易通达;而坡中若过分陡峭则不宜开挖。此外,不同形状的基地形态、不同陡峭的山体坡度,也使场地呈现不同的复杂性。对于建筑师而言,需要识别复杂山地地形对于建造建筑的影响,并使建筑适应复杂地形的要求。

◉ **设计的不可复制性**

不同的设计地形呈现不同的设计条件,每处特定的山地,除了复杂的地形条件外,也同时拥有不可复制的生态系统,其水文、地貌、植被、地质、气候等方面都存在特殊性。如我国巴渝地区的山地与陕北黄土高原的山地生态系统就呈现出截然不同的特质;同时,山地地区的文化、风俗等也不尽相同。这些可变因素综合作用于山地中的建筑,从[2]、[3]和[4]中可以看到不同的山地环境会形成不同特点的建筑形态,而优秀的建筑设计作品也总是与其所在的环境紧密相连,在场地利用、建筑形态、交通与景观处理等多方面呈现不可复制的特性。

◉ **设计功能的多样性**

从建筑类型学角度来看,山地建筑是以地形条件作为分类基础的一类建筑,其直接对应的建筑类型有平地建筑、水边建筑等,因此山地建筑的功能内涵由此呈现多样性的特点,几乎涵盖所有的功能类型,包括文化建筑、旅馆建筑、娱乐建筑、办公建筑、居住建筑等。[5]、[6]和[7]为功能不同类型的优秀山地建筑作品。不同的功能需求导致了不同的设计策略和形态,但都是基于与基地的山地特征相协调的前提下进行的设计和建造。

由于本书重点讲述的是山地建筑的设计原理与基本设计方法,更注重的是设计的形成及设计推进过程的讲述,因此本书将根据某个具体设计任务的功能建筑要求,采用建筑学授课过程中的渐进式教学模式,来推进设计及进行设计原理的讲述,希望帮助山地建筑类型的初学者寻找到设计的方法。

◉ **建筑与环境的协调性**

山地建筑作为某一特定环境区域里的建筑类型,它不但与山地自然环境的气候、地形、土壤、植被等方面密切相关,也与地区的历史传统、地域文化息息相关。因此,优秀的山地建筑需要与特定的环境相协调,这其中当然包含自然环境与人文环境。

在此,特别强调建筑与环境的协调,特别是建筑与山地地形条件的协调关系。赖特说: "建筑就应像从基地自然生长出来那样与周围环境相协调。"虽然设计中很难做到那样,那需要对环境场所的敏睿感知、独特的设计构思、高超的设计技能与坚持不懈的努力,但作为建筑师应该能处理好设计地形与建筑空间组织、功能布局、建筑形态之间的关系,应该能从设计地形出发进行设计,而不是简单地生搬硬套,更不能忽略地形的特殊性。因此,从山地建筑与环境的协调性出发,将更为强调的是为独特山地地形而进行的设计。

[2] 图片来源: www.panoramio.com.
[3] 图片来源: http://eleu.cn/xdmore6860.html.
[4] 图片来源: 卢元鼎,陆琦.中国民居建筑艺术.北京:中国建筑工业出版社,2010.
[5] 图片来源: www.archdaily.com.
[6] 图片来源: 卢济威,王海松.山地建筑设计.北京:中国建筑工业出版社,2001.
[7] 图片来源: 大师系列丛书编辑部.普利茨克建筑奖获得者专辑.武汉:华中科技大学出版社,2007.

1 不同地形地貌特征

（a）高原　　　　　　　　　　　　（b）峡谷　　　　　　　　　　　　（c）丘陵

不同的基地因为各种自然地理条件的差异而呈现出不同的特征，因而山地建筑面临着各种不同的复杂挑战。

2 意大利波西塔诺小镇民居

4 中国黄南林坑村穿斗式民居建筑群

3 中国山西临县碛口山地民居

5 索特里亚旅馆

6 TOTO 研修所

7 道格拉斯住宅

1.2 山地建筑的自然环境

1.2.1 地形——等高线、坡度

山地是一种具有特殊场所感的建筑基地，在山地的实际开发上，山地的自然环境，如景观、地形、地肌、气候、水文等因素，都对山地建筑的形成起着重要作用，当然这种作用更多的是一种整体性的系统作用，不能以分裂的局部来看待，但对每个因素的深入了解和分析，往往会成为设计的切入点。

地形指的是地物形状和地貌的总称，具体指地表以上分布的固定性物体共同呈现出的高低起伏的各种状态。正如徐近之在《地形，不是地貌》一文中指出："地表形态的研究向来叫做地形学……大地测量与军事方面的地形是不研究其演变过程类型等方面的。地形是内力和外力共同作用的效果，它时刻在变化着。"

对山地地形的几何形状及边界特征进行描述，需要借助等高线、坡度、山位等概念，它们是限定山地地形的一些基本要素。

⊙ 等高线

等高线是地面上高程相等的各相邻点所连成的闭合曲线，是用来表现地表形态的基本图示方法（如 1 所示）。山地地形图中的数字表示高程，也称为海拔，一般指由平均海平面起计算的地面点垂直高度，我国于1958年统一以黄海的平均海平面作为国家高程基准面。当然，选用的基准面不同，有时相同山地地形有不同高程的表达。

等高线具有以下特征：

等高性——同一条等高线上各点高程相等，但高程相等的点不一定在同一条等高线上。

闭合性——等高线必定是闭合曲线，如不在本图幅闭合，则必在图外闭合。

非交性——除在悬崖或绝壁处外，等高线不能相交或重合。

密陡稀缓性——在同一幅地形图中，等高线愈密表示地面坡度愈陡，反之坡度愈平缓。

凸脊凹谷性——等高线向低的一侧（方向）凸出表示山脊，等高线向高的一侧（方向）凹进则表示山谷。

由于等高线具有以上的特性，通过等高线形成的地形图可以了解山地地形的基本关系。相邻的两条等高线间的水平距离称为等高线间距。在同一张地形图上，等高线的疏密程度可以反映山地地形的坡度情况作为建筑的建设基地，通常选取等高线间距大、坡度缓的用地作为建设用地。

⊙ 坡度

坡度是与地球重力相关的一个概念，用以表达某处面体或线体相对于大地水平面的倾斜度。坡度的表示可以有三种方式：高长比、百分比和倾斜角（如 2 所示）。在工程设计中，常采用百分比的方式表达。

大范围的山地地形还需要平均坡度概念，以便把握山地坡度整体趋势。平均坡度计算常采用方格法（如 3 所示）。

由坡度的大小，可以知道山地地形的陡缓，判断出不同地段的利用可能性。地形坡度对山地建筑而言是非常重要的影响因素。在不同坡度的地形条件中，山地建筑建造的难易程度有所不同。通常选取坡度较缓的用地作为建设用地，坡度宜控制在10%以下，对于坡度大于15%的用地则尽量避免建设大体量的建筑实体。当然，山地地形的起伏也为建筑师创造独具特色的山地建筑提供了良好的基础条件，建筑师可以利用地形坡度，灵活组织建筑的功能空间，营造独具特色的场所空间环境。 4 表述的是坡度与山地建筑的生存关系。《民用建筑设计统一标准》（GB 50352-2019）对场地地形坡度也有严格规定（如 5 所示）。

---

3 图片来源：卢济威，王海松.山地建筑设计.北京：中国建筑工业出版社，2001.
4 资料来源：卢济威，王海松.山地建筑设计.北京：中国建筑工业出版社，2001.
5 资料来源：中华人民共和国国家标准，《民用建筑统一标准》（GB50352-2019）.

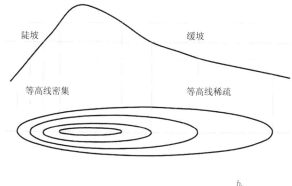

1 等高线的表示方法

等高线是地面上高程相同的各相邻点连接而成的闭合曲线，以用来表示地表的基本形态。等高线越密集，间距越小表示地面坡度越陡；等高线越稀疏，间距越大表示地面坡度越平缓。

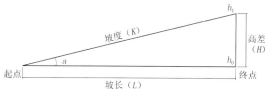

2 坡度的表示方法

高长比——地表上任意两点之垂直高差与两点水平距离之比，图中坡度为
$$K = h_1 - h_0 / L$$
百分比——地表上任意两点之垂直高差与两点水平距离之比与 100% 的乘积，坡度为
$$K(\%) = (h_1 - h_0) / L \times 100\%$$
倾斜角——任意两点连线与水平面的夹角度数，图中坡度为 $a = \arctan(H / L)$

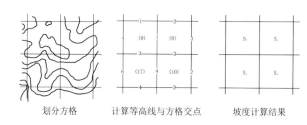

划分方格　　　计算等高线与方格交点　　　坡度计算结果

3 采用方格法计算平均坡度

在地形图上根据需要划分等距离的方格，方格内的平均坡度 $S(\%)$ = 方格内等高线长度 × 等高线高差间距 ÷ 方格总面积 ×100%。
由坡度的大小，我们可以知道山地地形的陡缓，判断出不同地段的利用可能性。

4 山地建筑与坡度的生存关系

类 别	坡 度	建筑场地布置及设计基本特征
平坡地	3% 以下	基本上是平地，道路与房屋可自由布置，但须注意排水
缓坡地	3%~10%	建筑区内车道可以纵横自由布置，不需要梯级，建筑群布置不受地形的约束
中坡地	10%~25%	建筑区内需设梯级，车道不宜垂直等高线布置，建筑群布置受一定限制
陡坡地	25%~50%	建筑区内车道需与等高线成较小锐角布置，建筑群布置与设计受到较大的限制
急坡地	50%~100%	车道需曲折盘旋而上，车道需与等高线成斜角布置，建筑设计需做特殊处理
悬崖坡地	100% 以上	车道及梯级布置及其困难，修建房屋工程费用大

5 《民用建筑设计统一标准》5.3.2 相关规定

5.3.2　建筑基地内道路设计坡度应符合下列规定：
　　1. 基地内机动车道的纵坡不应小于 0.3%，且不应大于 8%，当采用 8% 坡度时，其坡长不应大于 200.0m。当遇特殊困难纵坡小于 0.3% 时，应采取有效的排水措施；个别特殊路段，坡度不应大于 11%，其坡长不应大于 100.0m，在积雪或冰冻地区不应大于 6%，其坡长不应大于 350.0m；横坡宜为 1%~2%。
　　2. 基地内非机动车道的纵坡不应小于 0.2%，最大纵坡不宜大于 2.5%；困难时不应大于 3.5%，当采用 3.5% 坡度时，其坡长不应大于 150.0m；横坡宜为 1%~2%。
　　3. 基地内步行道的纵坡不应小于 0.2%，且不应大于 8%，积雪或冰冻地区不应大于 4%；横坡应为 1%~2%；当大于极限坡度时，应设置为台阶步道。
　　4. 基地内人流活动的主要地段，应设置无障碍通道。
　　5. 位于山地和丘陵地区的基地道路设计纵坡可适当放宽，且应符合地方相关标准的规定，或经当地相关管理部门的批准。

1.2.1 地形——山位

◉ 山位

对于山地地形，传统上有许多名称：脊、冈、坡、岭、谷、墩等。这些名称描述的是山地中的一些基本地形，反映山体各个不同位置的特征，将它们称为"山位"。

根据山地的形态特征，并考虑到与建筑学研究的关系，借鉴卢济威的《山地建筑设计》，将山位分为以下七种（如⬜1所示）。

山脊：条形隆起的山地地形，也被称为山冈、山梁；

山顶：大致呈点状或团状的隆起地形，也被称为山丘或山堡；

山腰：位于山体顶部与底部之间的倾斜地形，也被称为山坡；

山崖：坡度在70°以上的倾斜地形；

山谷：两侧或三面被山坡所围的地形，也被称为山坳、山沟等；

山麓：周围大部分地区被山坡所围，只有一面与山坡相联结的地形，也被称为山脚；

盆地：四周的大部分地区被山坡所围，内部区域较为平缓、宽阔的地形。

如⬜2所示，在山地环境中，山位所体现的是各个不同的局部地形，因此它具有不同的空间属性、景观特性和利用可能。

⬜2 图片来源：卢济威，王海松.山地建筑设计.北京：中国建筑工业出版社，2001.

1 山位分析图

<table>
<tr><td>山</td><td>山</td><td>山</td><td>山</td><td>山</td><td>山</td></tr>
<tr><td>脊</td><td>顶</td><td>麓</td><td>腰</td><td>崖</td><td>谷</td></tr>
</table>

山地不同山位的特征及与等高线图示上的对应关系。

2 不同山位的空间特征、景观特征和利用可能性分析

山 位	空 间 特 征	景 观 特 征	利 用 可 能
山顶	中心性、标志性强	具有全方位的景观,视野开阔、深远,对山体轮廓线影响大	面积越大,利用可能性越大,并可向山腹部位延伸
山脊	具有一定的导向性,对山脊两侧的空间有分割作用	具有两个或三个方位的景观,视野开阔,体现了山势	面积越大,利用可能性越大,并可向山腹部位延伸
山腰	空间方向明确,可随水平方向的内凹或外凸形成内敛或发散的空间,并随坡度的陡缓产生紧张感或稳定感	具有单向性的景观,视野较远,可体现层次感	使用受坡向限制,宽度越大,坡度越缓,越有利于使用
山崖	由于坡度陡,具有一定的紧张感、离心力强	具有单向性的景观,其本身给人以一定的视觉紧张感	利用困难较大
山麓	类似于山腰,只是稳定度更强	视域有限,具有单向性景观	面积较大时利用受限制较少
山谷	具有内向性、内敛性和一定程度的封闭感	视域有限,在开敞方向形成视觉通廊	面积较大时利用受限制较少
盆地	内向、封闭性强	产生视觉聚焦	面积较大时利用受限制较少

1.2.2 地肌

地肌指山地的几何形状和"肌理"，其中肌理与山地地形同时存在、不可分割。在此处引入"肌理"的概念，主要偏重于描述山地组成元素的特性，以及由此而形成的不同感受。

山地的自然肌理往往丰富多样。不同肌理元素的组合会形成不同的山地景观特征，也由此决定了建筑所在基地的色彩、形状及整体空间环境的感受。在山地建筑设计中必须充分尊重山地的自然肌理，其对设计的构思与深入、甚至施工都会产生直接的影响（如 [1] 所示）。

◉ 岩石

与地理学研究不同，建筑设计中关注岩石并不为了研究山地的地质构造与地貌成因，更多是将其看作构成山地地表的一种物质元素。岩石的形状、颜色变化非常丰富，具有鲜明的景观特征。同样是海边岩石，由于所处地域及海水冲刷方式的不同，会形成不同的颜色与形状。

我国贵州、湘西、四川等地为多山地区，岩族分布以水成岩（石灰岩、白云质灰岩）为主。这部分地区的岩石外露在地表、硬度适中，岩石节理裂隙分层，为土地开发利用、建造房屋提供了较为有利的材料条件（如 [2] 所示）。

◉ 土壤

根据土壤颗粒的大小，可以把土壤分类为砾石、砂粒、粉砂粒、黏粒和胶粒等。它们之间相互混合，就会形成不同质地的土壤，如砂土、砂壤土、壤土、粉壤土等，[3] 所示为土壤分类与特性。

土壤质地的不同，在很大程度上决定了土壤保持水分和将水分送到地表以下的能力，也直接影响了山地环境的生态状况、植被种类，同时，对于山地建筑的构筑方式以及景观也具有重要的影响。

黄土高原的窑洞建筑是受土壤地质影响而决定构筑方式的典型建筑。传统土窑洞非常巧妙地应用了拱形结构与黄土岩体的力学特性，形成了窑洞的稳定、耐久、抗震等工程特性，这些民居是民间匠师和农民自己动手完成的，堪称"没有建筑师的建筑"。

◉ 植被

植被是山地地表活跃的组成要素，对视觉景观的塑造和生态环境的形成具有重要的意义。

按照植物的躯体结构、大小和形状，植被大致可分为乔木、灌木、藤本植物、草本植物及地衣等。在不同的纬度地带或海拔高度，植物的分布有一定的种类特征（如 [4] 所示）。

不同的环境、气候条件构成了不同的生物、生态群落。如 [5] 所示为森林、萨王纳、草地、荒漠和苔原不同生态群落及特点。

在山地环境中，植被状况是山地生态环境的直接反映。多种生态群落一方面显示了山地生态环境的多样性和复杂性；另一方面，山地生态环境具有特殊性和明显的地域性。进行山地建筑设计时，特别需要针对山地建筑所处生态环境的地域特点，使山地建筑与所处的山地环境相协调。在本书中，特别强调的是山地建筑能够对山地生态环境作出恰当反映，这种反映不是夸张的随意建设，也不是流行的"国际式"建筑，而是能与原有山地环境协调共融，保持原有生态环境的持续生长。

[2] 图片来源：图 1-2-16，卢元鼎，陆琦.中国民居建筑艺术.北京：中国建筑工业出版社，2010.

1 梯田

独特的梯田地形与土壤、植被等地肌相结合，共同组成了一幅色彩绚丽的自然景象。

2 贵州岩石建筑

贵州岩石建筑生长于山地和坡地，由于经常受到地形条件和建造材料的限制，当地人们采用经济、简便的赶层采筑方法，开拓场地，利用空间，房屋建造随地形变化而灵活巧妙，出于生活、生产的功能需求产生了变化多端的空间形态变化，而建筑与山体自然环境也达到了相互融合的境地。

3 土壤分类与特性

砂 土	能见到或感觉到单个砂粒。干时抓在手中，稍松开后即散落；湿时可捏成团，但一碰即散
砂壤土	干时手握成团，但极易散落；润时握成团后，用手小心拿不会散开
壤 土	干时手握成团，用手小心拿不会散开；润时手握成团后，一般性触动不至散开
粉壤土	干时成块，但易弄碎；湿时成团或为塑性胶泥。湿时以拇指与食指撮捻不成条，呈断裂状
黏壤土	湿土可用拇指与食指撮捻成条，但往往受不住自身重量
黏 土	干时常为坚硬的土块，润时极可塑。通常有黏着性，手指间撮捻成长的可塑土条

4 植被的海拔分布示意

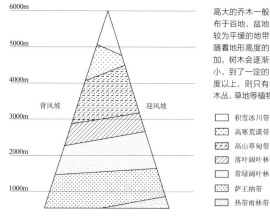

高大的乔木一般分布于谷地、盆地等较为平缓的地带，随着地形高度的增加，树木会逐渐变小，到了一定的高度以上，则只有灌木丛、草地等植物。

- □ 积雪冰川带
- ▨ 高寒荒漠带
- ▤ 高山草甸带
- ▧ 落叶阔叶林带
- ▦ 常绿阔叶林带
- ▥ 萨王纳带
- ▤ 热带雨林带

5 生态群落分类

生态群落类型		生态群落特点
森林		森林多由高大、密集的树木组成，根据雨量和温度的变化，森林可表现为赤道雨林、热带雨林、温带雨林、落叶林、针叶林和硬叶林
萨王纳（sa-vanna）		又称为热带稀树草原，和热带季雨林同样生长在具有周期性干湿季节交替的热带地区，其旱季往往比热带季雨林更加干燥而漫长。萨王纳是森林和草地之间的一种过渡，它由一些彼此相距很远的树木组成，树木之间的距离是其高度的 5~10 倍，在树木之间的地面上生长着草类和灌木。人们有时也将此类生态群落称为"公园地"
草地		在中纬度和亚热带地区，草地大面积存在着。在这种生态群落中，草本植物绵延成片，乔木和灌木几乎不存在
荒漠		荒漠地区，植被分布分散，地表覆盖度极低，主要的植物种类为一些稀疏低矮的草本和旱生灌木
苔原		是一种只出现在具有丰富的土壤水分且气候寒冷环境中的生态群落，其主要的植物种类包括草类、藓类、地衣和一些矮小的灌丛

1.2.3 气候与水文

⊙ 气候

山地区域体现了地理纬度的大气候特征。处于不同纬度的山地呈现的气候特征不同，由此形成的植被、温度变化均呈现不同的特征。

不同气候条件下的建筑具有明显的建造特征。建筑师所接受的设计任务总是会限定在某一个特定的地区和地理位置上，因此建筑师需要了解、并且注重地区环境为建筑本身带来的建造特征，而气候条件变化为建筑所带来的建造特征变化通常是最为显著的。全球气候多样，可以划分为热带、亚热带气候、温带气候、亚寒带气候、寒带气候和高原山地气候（如 1 所示）。 2 3 4 展示了不同气候条件特点及其原生态建筑形象。

在山地区域，气候变化一方面体现在地理纬度的大气候特征，另一方面还表现了各个不同地域的小气候特征。大气候特征的产生，主要与地球表面的大气环流或宏观地形有关，其影响范围较广，对于地区气候起着主导因素；而小气候特征则与地区的微环境有关，其影响的范围有限，但常常带有一点特殊性，具有较为鲜明的地方特征。

对于建筑师而言，需要注重多方面知识的积累，需要了解不同气候类型条件下建筑的普遍建造特征，同时也需要关注微观小气候对建筑带来的影响。

⊙ 水文

山区水体的空间和时间分布规律和固态、液态降水组成变化，主要受制于不同海拔和地形条件下的土地覆被。自然界的降水到达地面以后，一部分被地表吸收，下渗形成地下水或地下径流；一部分蒸发，另一部分则填充沟洼，形成地表径流。不适当的地表及地下径流会对山地建筑构成影响，如山洪、泥石流现象会对建筑产生毁灭性破坏。

山地的水文情况对于建筑建造有很大的影响。在中国风水学中，有"未看山，先看水"的说法，认为水是山的血脉，足见水文条件对于古代建筑建设用地选择的重要性。而用现代建筑科学的观点来看，在选择建设用地时，需要注重水文条件对于建筑建设影响。谷底、冲沟、陡坡等地不宜建设，需要对建设基地区域的排水路径、排水方式进行合理的引导和组织，合理利用山地冲沟，避免水文对山地建筑的不利影响。

2 图片来源：www.yljy.com.
3 图片来源：http://tieba.baidu.com.cn/p/1210490716?pn=1.
4 图片来源：http://www.a-green.cn/document/201112/article5521.htm.

1 气候类型分类与气候特点

气候类型分类		气候类型特点
热带气候		气象上的热带是指南、北半球副热带高压脊线之间的地带。由于副热带高压脊线随季节有南北移动，因而热带的边缘位置和范围也有季节性变动，通常把南、北回归线之间的地区称为热带。热带气候又分为热带雨林气候、热带草原气候、热带沙漠气候和热带季风气候
亚热带气候		亚热带，又称副热带，一般亚热带位于温带靠近热带的地区。亚热带的气候特点是其夏季与热带相似，但冬季明显比热带冷。最冷月均温在 0℃ 以上。亚热带气候包括亚热带地中海气候、亚热带季风性与季风性湿润气候、亚热带草原和沙漠气候
温带气候		温带气候冬冷夏热，四季分明，是温带气候的显著特点。我国大部分地区都属于温带气候。从全球分布来看，温带气候的情况比较复杂多样。根据地区和降水特点的不同，可分为温带海洋性气候、温带大陆性气候、温带季风气候、地中海气候几种类型
亚寒带气候		亚寒带出现在北纬 50°~65°，呈带状分布，横贯北美和亚欧大陆。该类气候的主要特征是：冬季漫长而严寒，每年有 5~7 个月平均气温 0℃ 以下，并经常出现 -50℃ 的严寒天气；夏季短暂而温暖，月平均气温在 10℃ 以上，高者可达 18℃~20℃，气温年较差特别大
寒带气候		又称极地气候，包括冰原气候和苔原气候两种类型。冰原气候分布在南极大陆和北冰洋的一些岛屿上，终年严寒，地面覆盖着很厚的冰雪。苔原气候分布在亚欧大陆和北美大陆的北部边缘地带，常冬无夏，地面生长着苔藓、地衣等植物
高原山地气候		在中纬度地区的高原地区，如青藏高原，安第斯山脉等地区，由于海拔较高，终年低温，形成了高原山地气候。高原山地气候气候垂直分布、生物类型多样，是一个很特别的气候类型，其他气候都是受纬度的高低影响，而高原山地气候则主要地形的影响，特别是海拔高度的影响

2 船形屋

尖峰岭热带雨林位于三亚市北部，是海南岛西部濒临北部湾的一处山地。尖峰岭主峰海拔 1412m。属于低纬度热带岛屿季风气候，雨热同期，降水丰富，干湿两季明显。海拔 600m 处年平均气温 19℃~24.5℃，垂直系统完整，生物多样性和植被的完整性十分明显。因此在此地区的建筑设计中，建筑要充分考虑其通风、散热方面的需求。
尖峰岭地区居住的黎族典型建筑形式——船形屋是黎族传统文化最为典型的建筑，称之为船形屋，是因为它从外形上来看像一艘倒扣着的船。黎族茅草屋主要有两种样式，分别为船形屋和金字形屋。船形屋有高架船形屋与低架（落地式）船形屋之分，其外形像船篷，拱形状，用红、白藤扎架，上盖茅草或葵叶；金字形屋以树干作为支架，竹干编墙，再糊稻草泥抹墙，黎族人的茅草屋为落地船形屋，长而阔，茅檐低矮，有利于防风防雨。

3 西藏山地民居

西藏地处寒带高原地区，奇特多样的地形、地貌，高空空气环流以及天气系统的影响，形成了复杂多样的独特气候。就其气候总地说来，日照多，辐射强，昼夜温差大，干湿分明，多夜雨。冬春干燥，多风，气压低，氧气含量较少。
西藏地区多为高山峡谷地带，大面积平地较少，民居大都依山而建。一座座楼房毗邻相接，高低错落有致，加之窗户门楣着着彩绘，画栋雕梁，气势非凡，甚为壮观。林芝、波密一带的民居住宅楼不用土石作墙体，整个建筑材料几乎全是木材，以木柱作桩，木梁作屋架，木板作墙面和地板。屋顶也用木板，且结构为斜坡形。"屋皆平顶"在这些多林木多雨水的森林地区不相适应。

4 地中海民居

亚热带地中海气候主要分布在亚热带大陆西岸，如地中海沿岸，南北美洲纬度 30°~40° 的大陆西岸，澳大利亚大陆和非洲西南角等地，以地中海沿岸分布面积最广、最典型。
而地中海周边地形又以陡峭的山崖为主，因而地中海沿岸的建筑都依山逐级而建，错落有致，且大多面向地中海，有开阔的视野和充足的阳光。建筑多以岩石和夯土砌筑厚厚的开洞很小的墙壁，以阻隔室内外热量的交流，获得舒适的室内居住环境。建筑大多以白色粉刷，反射夏季炽热的阳光又获得了浪漫的视觉体验。

1.3 山地建筑的人文环境

与自然环境同样对山地建筑起重要作用的还有风俗文化、历史特征与地域特色。建筑的特征往往与所处地域的技术水平及生活方式相关联，这些建筑的地理分布决定了它们的地域文化，并体现在建筑形态、建造理念、色彩选择、材料运用等多方面，从而形成不同的地域性建筑特征。

◉ 风俗文化

每个地区的风俗文化都是其人文环境的重要组成部分，是在所在地域的自然环境、经济方式、社会结构、政治制度等因素的制约下孕育、发展并传承的，体现了人类民俗的共性，也标识了不同国家和民族的独特个性。风俗文化是特定社会文化区域内历代人们共同遵守的行为模式或规范。习惯上，人们往往将由自然条件的不同而造成的行为规范差异，称之为"风"；而将由社会文化的差异所造成的行为规则的不同，称之为"俗"。所谓"百里不同风，千里不同俗"正恰当地反映了风俗因地而异的特点。

建筑是随着人类文明的进步而产生的，它是经济、技术、艺术、哲学、历史等的综合体。随着文明的进步，建筑在完成其实用、坚固的功能性使命之外，更需要体现艺术性。世界各地的建筑样式、风格不尽相同，这些是因为世界各地的风土文化差异造成的。因此，在建筑设计中，除了应对特有的自然环境外，很多建筑师从对风俗文化的运用入手，使得建筑更贴近其所在的文化环境。

◉ 历史特征

建筑文化是历史文化的一部分，建筑本身就是历史文化的固化积淀。俄罗斯作家果戈曾写道："建筑同时还是世界的年鉴。当歌曲和传说已经缄默的时候，而它还在说话！"建筑本身的发展常常取决于生产力发展的水平，反映当时的社会状况，它是城市发展的实物凭证。

建筑师在历史传统特征明显地区设计新建建筑时，需要特别注重历史传统对于建筑的影响，新建建筑应该谨慎处理与历史传统文化之间的关系。不加创新地完全模仿古代建筑是不可取的，但完全不理会历史文化传统、将国际化的现代模式强加其上，也是完全不可取的。

◉ 地域特色

作为人与自然中介的建筑，受到各种地域自然条件的限制与制约，为适应不同的地域地形、生物、气候等不同条件，不同地域的建筑带有明确的地域风格特点。因此，在山地建筑设计中，建筑师除了要应对地块所特有的自然环境，同时需要了解熟悉更大范围的地区地域特点，了解地域建筑特征。从设计进程的最早阶段开始，建筑与地域之间就建立了一种相互依存的关系。而建筑的地域性最初表现在适应当地的地形地貌、自然气候条件和就地取材上。

大量的专业书籍介绍和论述习俗、历史与地域文化对建筑及生活的影响，因此本书在此不再赘述。

案例 让·马里·吉芭欧文化中心

皮亚诺设计的让·马里·吉芭欧文化中心，坐落于新喀里多尼亚的南太平洋岛上，在马真塔海湾一个被红树林包围的潟湖上。建筑完美地体现了所在地区的卡纳克文化（KANAK CULTURE）风俗特征。设计毫不造作地为大众营造一种文化氛围，在文化、建筑和地理情形等诸多因素的自然和谐中体现出设计者的创意。建筑师紧紧抓住"棚屋"这一典型的居住建筑形式，使用现代设计手法表达太平洋传统文化，使得建筑和当地的传统形成了深刻而且是不断延续的对话。

卡纳克文化风俗对建筑的影响因素

（a）当地传统建筑形式——棚屋

（b）棚屋内部结构

（c）自然材料的编制肌理

（d）卡纳克人

让·马里·吉芭欧文化中心设计草图

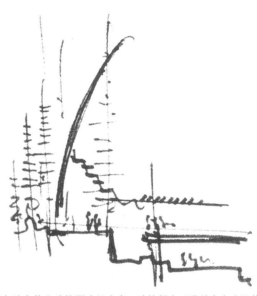

建筑受到卡纳克传统建筑形式的启发。建筑师皮亚诺以未完成的传统家屋内部弧形结构，作为建筑物的主要外观形状，并搭配使用当代的木材与金属薄片。刻意设计成未完成的家屋形状，象征了卡纳克文化仍不断在形塑当中。建筑共有 10 栋帆形建筑物，构成 3 个村落，以屋脊相互连接，这样的安排令人联想到传统卡纳克村落之特色。

建筑单元模型

图片来源：（美）彼得·布坎南.伦佐·皮亚诺建筑工作室作品集（第 2 卷）.周嘉明，译.北京：机械工业出版社，2003.

案例　武夷山庄

卢济威先生设计的武夷山庄，在建筑构思上体现并借鉴了中国传统民居的形式风格，并在与环境的交融中表现出民居谦和、自由、含蓄的文化韵味。山庄设计的另一大特色就是就地取材，充分利用当地的木、石、竹、麻等地方材料，运用现代建筑的手法，做出朴实简易的装饰，给人以自然质朴的美感，充分展现了当地民俗风情、艺术风格的魅力。

建筑外景

内部庭院景观

图片来源: http://www.513villa.com/wuyi/index.asp.

案例　贵州千户苗寨

为了既不占用良田又能建造更多的房屋，苗族人修建房屋时往往依山而建。西江千户苗寨的苗族建筑以木质的吊脚楼为主，鳞次栉比，错落有方。分平地吊脚楼和斜坡吊脚楼两大类，一般为三层的四榀三间或五榀四间结构，为穿斗式结构歇山式屋顶。底层用于存放生产工具、关养家禽与牲畜、储存肥料或用作厕所。第二层用作客厅、堂屋、卧室和厨房，堂屋外侧建有独特的"美人靠"，苗语称"阶息"，主要用于乘凉、刺绣和休息，是苗族建筑的一大特色。第三层主要用于存放谷物、饲料等生产和生活物资。

建筑外景

建筑细部

图片来源: http://www.qinzhou360.com/read.php?tid=576697&fpage=105.

案例　福建土楼

福建土楼被誉为"世界上独一无二的、神话般的山区建筑模式"。依山就势，布局合理，吸收了中国传统建筑规划的"风水"理念，适应聚族而居的生活和防御的要求，巧妙地利用了山间狭小的平地和当地的生土、木材、鹅卵石等建筑材料，是一种自成体系，具有节约、坚固、防御性强特点，又极富美感的生土建筑类型。福建土楼注重选择向阳避风、临水近路的地方作为楼址，以利于生活、生产。楼址大多左有流水，右有道路，前有池塘，后有丘陵；忌逆势，忌前高后低，忌正对山坑（以免冲射）；楼址后山较高，则楼建得高一些或离山稍远一些，既可避风防潮，又能使楼、山配置和谐。

土楼群落

土楼内部院落空间

图片来源：http: //dp.pconline.com.cn/photo/520456_7.html.

案例　吊脚楼

我国云南、四川、贵州等省为多山地区，人口密度大、土地紧张，建筑依山而建是传统的建筑模式。

当地传统民居——吊脚楼，依山就势，因地制宜，利用木条、竹方，悬虚构屋，取"天平地不平"之势，陡壁悬挑，"借天不借地"，加设坡顶，增建梭屋，依山建造。

重庆吊脚楼

图片来源：http: //old.12371.gov.cn/n108840c728.aspx.

案例　希腊桑托里尼岛民居

该地区地震频繁，淡水资源匮乏，树木短缺，冬天大风不止，夏天炎热难忍，并且爱琴海阳光充足，这些因素不仅影响了桑托里尼岛建筑群的布局，也造就了建筑的形状、大小与建筑性格。桑托里尼住宅进深一般都很小，清一色均采用地方材料如石头、火山灰水泥、石灰等，屋顶几乎都采用拱形，有的是单拱，也有的是交叉拱。

希腊桑托里尼岛民居

图片来源：http: //hi.baidu.com/kyle1979/item/d5b83a1ba3bb14406826bb20.

1.4 山地建筑经典案例

1.4.1 流水别墅

建筑师：（美）弗兰克·劳埃德·赖特　　　　建筑所在地：美国，宾夕法尼亚

建成时间：1936年

　　流水别墅具有活生生的、超越时间的质地。它似乎全身飞跃而起，坐落于宾夕法尼亚的岩崖之中，指挥着整个山谷，超凡脱俗。整个建筑悬在溪流和小瀑布之上，瀑布所形成的雄伟的外部空间使别墅更为完美，在这里自然与人类悠然共存，呈现了天人合一的最高境界。别墅最成功之处是以一种疏密有致、有虚有实的体形与所在环境的山林与流水紧密交融，溪水由阳台下怡然流出。建筑与溪水、树木自然地结合在一起，就像是从地下生长出来的。

　　别墅的外部造型同历史上一切别墅都极不相同，流水别墅共三层，面积约为380m²。两层巨大的阳台高低错落，每一层都如同一个钢筋混凝土的托盘支承在墙和柱墩之上，一边与山石连结，另外几边悬伸在空中，各层托盘大小和形状都不相同，向不同方向伸入周围的山林环境。外形强调块体组合，使建筑带有明显的雕塑感。横向阳台与竖向石墙形成横竖交错的构图，栏墙鲜亮光洁，石墙粗犷幽暗，水平与垂直的对比添上颜色与质感的对比，再加上光影的变化，使整座建筑显得既沉稳厚重又轻盈飞逸。

　　别墅各层空间不同，内部空间以二层的起居室为中心，其余房间向左右铺展开来。有的围以石墙，有的是大玻璃窗，有的封闭如石洞，有的开敞轩亮，形成了丰富的室内空间。

一层平面图

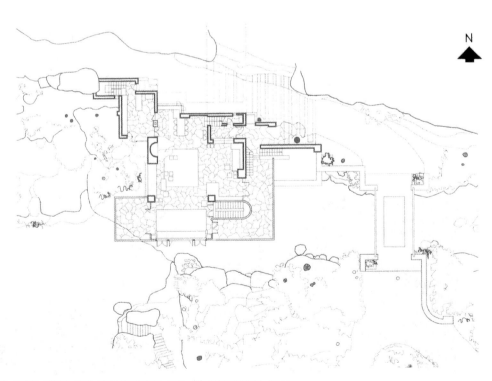

图片来源：薛恩伦.弗兰克·劳埃德·莱特.现代建筑名作访评.北京：中国建筑工业出版社，2011.

二层平面图

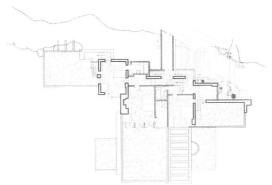

三层平面图

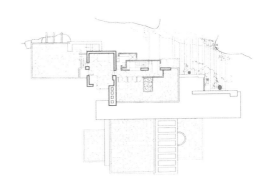

客房平面图

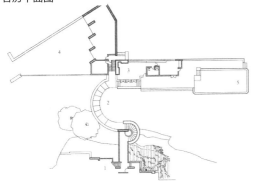

南北向剖面图

外景图

挑台及吊梯

建筑入口

1.4.2 道格拉斯住宅

建筑师：（美）理查德·迈耶　　　　　　　　建筑所在地：美国，密歇根州
建成时间：1973年

　　道格拉斯住宅是理查德·迈耶代表作之一，其位于美国密歇根州。基地的西向是著名的密歇根湖，基地东侧是联结交通的乡村道路。基地地势是陡峭的山坡，整个山坡从道路以西向密歇根湖倾斜落下。在陡峭的山壁上，长满了高耸且翠绿的树丛，道格拉斯住宅与清澈的湖水、澄蓝的天空相应，宛如天然的杰作，清新脱俗而一尘不染。这座建筑与理查德·迈耶于1967年设计的史密斯住宅有异曲同工之妙，绝佳的环境自然景观、坡度高低变化的地形，还有联结基地的乡间小路等，而道格拉斯住宅的地形比史密斯住宅则更为险峻。

　　从公路望向住宅，能够望见的仅仅是住宅顶楼部分和一座窄小斜坡通道，沿着坡道的引导而进入建筑内。此时，整座建筑仿佛化作一艘游艇，而建筑师刻意安排的屋顶平台如船上的甲板，令人有遨游于密歇根湖上的畅快。顶楼的其他部分则是作为远眺风景的屋顶平台。建筑三层是主要的卧室空间，设置在卧室外的走廊平台可俯视那挑高两层的起居室。建筑内由起居室而起的挑空空间，使视线能在不同楼层之间游走。顺着楼梯而下，到达宽阔的起居室，在此除了可以接待前来拜访的友人，透过大片的玻璃望向户外的美景，更能悠闲地喝口下午茶。建筑一层则作为餐厅、厨房等服务性空间。

　　建筑室外，设置了一座以金属栏杆扶手构成的悬臂式的楼梯，连接了起居室和餐厅层的户外平台，从而形成流畅的垂直流线。住宅外部的金属烟囱，使整幢建筑看起来更具有现代感。建筑由楼板和框架玻璃分割形成了水平感，以金属烟囱来清楚地确立垂直感，整幢建筑由水平与垂直方向线条与体块共同谱写了建筑形态的完美乐章。

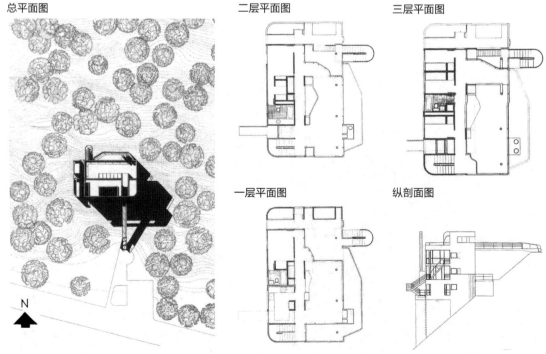

总平面图　　二层平面图　　三层平面图　　一层平面图　　纵剖面图

N

图片来源：大师系列丛书编辑部.普利茨克建筑奖获得者专辑.武汉：华中科技大学出版社，2007.

建筑远景

主立面实景

俯瞰客厅

入口坡道

背立面

室内实景

1.4.3 瓦尔斯温泉浴场

建筑师：（瑞士）彼得·卒姆托　　　　　　建筑所在地：瑞士，瓦尔斯
建成时间：1996年

瓦尔斯是位于瑞士阿尔卑斯山一个狭窄山谷里的边远村庄，海拔高度为1 200m。居民大都居住在粗石屋顶的农舍木屋中。这个静谧村庄的一大特色就是有治疗功效的30℃温泉。1983年，瓦尔斯村购买了温泉浴场和周围的各家旅馆，并于1986年委托彼得·卒姆托建造一座新的温泉浴场，这个项目于1996年完工。

建筑仅靠看不见的地下通道和原有的20世纪60年代的旅馆相连，地上部分是完全脱离的。与原有建筑不同，新建建筑的设计理念更倾向使新建筑成为周围景观的一部分，就像一块覆盖着绿草的巨石。通过对建筑如何呼应有力的地质条件、如何融入阿尔卑斯山令人印象深刻的地形地貌景观问题的探究，一座意味深长、独具美感的建筑通过"水""建在石中，浑然一体"以及"半掩入山"等一系列主题创造了出来。设计者希望创造类似洞穴或石矿场的形式，浴室置于半地下，其上是覆盖草皮的屋顶，由此与自然环境相协调。瓦尔斯温泉建立在当地开采过石头的原址上，这种石头成为设计的灵感来源。运用这种石头，给建筑带来了厚重感和尊严感。用石头建造的建筑，处于山脉之中，建筑从山脉中凸现出来，人们将这座建筑看成是自然地质层的有机延伸。

"我们把块体量之间的空间称为'蜿蜒空间'，它连接一切，它在整个建筑中流动，创造平和的节奏。在这个建筑中漫游，你会有所发现。就像在森林中漫步，每个人都会有自己的路。"——彼得·卒姆托

总平面图

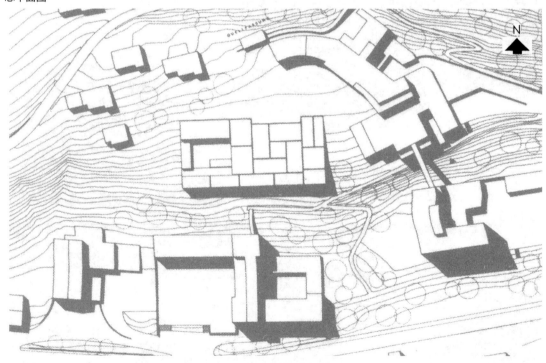

图片来源：（英）理查德·威斯顿.建筑大师经典作品解读.大连：大连理工大学出版社，2006.

纵剖面图

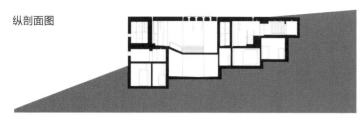

横剖面图

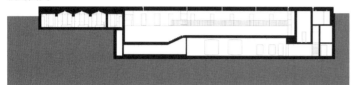

二层平面图

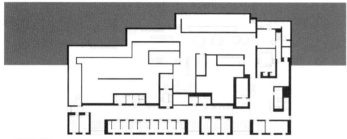

一层平面图

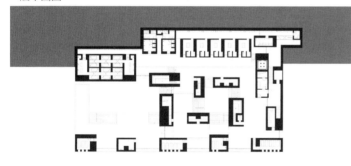

建筑局部实景图一

建筑局部实景图二

建筑外景图

建筑局部实景图三

1.4.4 联合国教科文组织实验室工作间

建筑师：（意大利）伦佐·皮亚诺　　　　　　　建筑所在地：意大利，热那亚

建成时间：1991年

联合国教科文组织实验室是建筑大师伦佐·皮亚诺的工作室，坐落于海滨城市热那亚彭塔海湾面向大海的一片斜坡之上。建筑体现了皮亚诺一贯的设计风格，建筑以一组随台地跌落的玻璃体块，逐渐向大海倾斜，让人想到典型的利古里亚海岸线地域的建筑风格。皮亚诺这样讲述自己的设计："我的工作室毫无疑问是对我的家乡致敬……它坐落在山与海之间，那是一种热那亚的传统地理环境。"

这座建筑于1991年设计并建造在梯田一样的山坡之上。这种建造形式延续了这里的农民在陡峭的山坡上耕作时处理地形的传统手段。建筑透明的坡屋顶恰到好处地保持了梯田本身的连续性。建筑结构类似于蝴蝶翅膀，沿着向上的路径一侧是直的，垂直向上运行的缆车，提供了从下面的巷道访问工作室的途径。一部楼梯沿着屋顶的斜面向上贯穿，连接各层建筑。与此相反的一侧，有供不同楼层使用的交流平台。建筑通过打破完整的形式来获得开阔的视野，并将周围的自然环境引入建筑。

建筑屋顶为阳光板，架设在由木材和绝缘塑料组成的框架上。阳光板有较好的阻热性能，并能过滤强烈的阳光，这对于位于意大利热那亚的海滨建筑至为重要。建筑中一系列光电单元，被用来检测外部天气条件和自动调节的电机供电系统，通过调节屋面遮阳系统来控制进入建筑的阳光量。灯具反装在天花板的上面，通过反射照射下来，以这种方式，即使使用人工照明，也好像是来自室外的阳光。皮亚诺用现代主义的表现手法实现了人、建筑和环境完美的和谐，并以热诚的态度和实践的精神关注建筑的可居住性与可持续发展性，该建筑正是皮亚诺设计风格的集中体现。

设计草图　　　　　　　　　　　　　　　纵向剖面图

总平面图　　　　　　　　　　　　　　　平面图

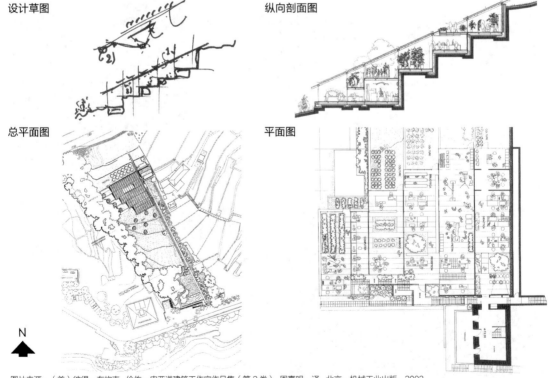

N

图片来源：（美）彼得·布坎南．伦佐·皮亚诺建筑工作室作品集（第2卷）.周嘉明，译.北京：机械工业出版，2003.

斜屋面做法分解

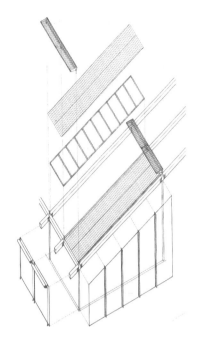

斜屋面

斜屋面节点

室内透视

索道车详图

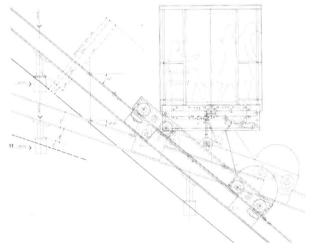

索道车箱

索道车及滑轨

室内实景

室外局部实景

1.4.5 TOTO 淡路海风酒店

建筑师：（日本）安藤忠雄　　　　　　　　建筑所在地：日本

建造时间：1997年

　　淡路岛是日本兵库县南部的一座岛屿，是日本第三大岛。安藤忠雄在淡路岛有多个知名建筑设计作品，如淡路梦舞台、本福寺水御堂。TOTO淡路海风酒店于1997年建成，是安藤为国际卫浴品牌TOTO公司设计的培训研习所，后改造为度假酒店。建筑建造在陡峭但视野绝佳的滨海山地上，设计需要面对地形竖向巨大的高差变化，这无疑是对建筑师最大的挑战。建筑的入口层位于临海山地的顶端，面向道路的酒店入口仅谦逊地设置了一层高的建筑体量，犹如乡村一座普通的住宅。建筑的空间序列故意被隐藏起来，当进入建筑后才慢慢展开、娓娓道来。设计顺应山势而下，引导参观者行走，形成绝佳的视线景观，使建筑与海景相融、与环境相映。

　　建筑顺应45°坡地有8种标高层次，网格旋转、架空、设立等手法让建筑体形比较丰富，也提供了山地上不同特征的多样空间。建筑的主体体块插入山体之中，另一体块成角度架其上，自然形成入口广场，长方形悬挑出去的体量使得建筑造型呈现伸向海洋的趋势，从山下的公路上看有鲜明的造型特征，像是朝大海窥探。从山下的公路仰视，这一建筑扎根于山地而悬挑出来，表现力很强。顺应山势而下的室外楼梯、室外电梯塔、到达电梯塔的钢桥，都承接于安藤"面向景观"的设计概念，合理地将山地景观融入建筑之中。

　　安藤运用了埋入体量、悬挑体量、钢桥连接等手法来作为特殊地形的特殊处理，整座建筑为人们提供了感受山地和景观的空间，使得建筑呈现栖息于山地而伸向景观的造型特征。不同于贝聿铭表现出极其东方的山地观，小心翼翼地想把自己隐匿在自然之中；安藤的态度是把建筑和山地放在基本平等的位置上，互相表现。

　　由于山地地形的特殊性，建筑在垂直方向上8种标高要求建筑对垂直交通有很高要求，对功能组织也要求一定系统性。研修所入口位于最高层，宾馆位于最下面三层，中间为研修、会议、服务功能。这样的功能分区将最好的景观和户外活动空间留给了研修、会议、服务功能，较好地满足了使用需要。在交通组织上，安藤将天桥与电梯作为构图的点、线放置在主体建筑一边，不仅成为构图元素，而且使得建筑的每一层都串通起来。

建筑鸟瞰图

总平面示意图

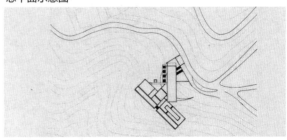

设计草图

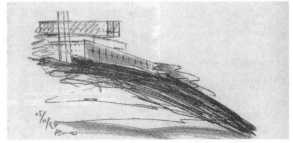

图片来源：马卫东.安藤忠雄全建筑1970—2012.上海：同济大学出版社，2012.

二层平面图

建筑剖面示意图

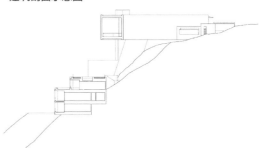

四层平面图

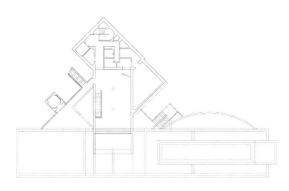

六层平面图

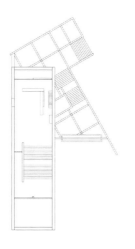

建筑室内实景

建筑体块与山体的关系

1.4.6 习习山庄

建筑师：（中）葛如亮 　　　　　　　　建筑所在地：中国浙江省，建德石屏乡

建成时间：1982年

习习山庄是葛如亮先生在20世纪80年代的建筑作品。在这个作品中，建筑与自然山水紧密结合，是山地建筑与地形结合的经典案例，也是我国80年代"新乡土建筑"的典型代表。

习习山庄平面布局的最大特点就是顺应地形与地势的需求，两组主要功能空间与等高线平行布置，建筑形态随山势起伏，建筑形态舒展而富有动感。与等高线垂直的"长尾巴"屋顶、屋顶下长廊与平台和梯段都架空在山体上，在最少地接触山地地面的同时，又获得建筑本身的异常轻盈感。

"长尾巴"屋顶坡度为2/11，与自然山坡坡度相同，因而最大限度地强化了建筑与山坡的关系。"长尾巴"屋顶上大下小的屋面形式，也使屋顶从下仰视时显得更为轻盈，而屋顶东侧呈锯齿状，使屋顶形式在现在看来也是颇具新意。关于"长尾巴"屋顶，设计师曾在讨论天台民居时谈道："……信手拈来，左右穿插，造出了多彩多姿的各种坡顶。绝大多数两面坡顶并不死板对称，其中一面会长长的坡落下去，显示了方向主次……顿时使建筑生动起来。"事实上，习习山庄功能空间在水平方向展开，而入洞游览最主要的方向还是在垂直方向上的上升，所以，这个巨大的单坡确实如设计师所言，在整幢建筑中暗含了显示方向主次的作用。

建筑师在其中巧妙地利用了清风洞内的自然风，通过地沟将清风洞内的自然风送到房间。只需打开房间里预留风口就可享受到来自山野的习习凉风，建筑也因此得名"习习山庄"。建筑彰显着建筑师对自然的尊重，以及对自然的合理利用。这个建筑在建成三十多年后，植被异常茂密，除非走进建筑，否则完全感觉不到建筑的存在。在这里，建筑与山体、山石已紧密地生长在一起，完全是建筑师所期望的"建筑为石头而建到石头为建筑而长"境界。

总体鸟瞰图　　　　　　　　　二层平面图

长尾巴屋顶　　　　　　　　　一层平面图

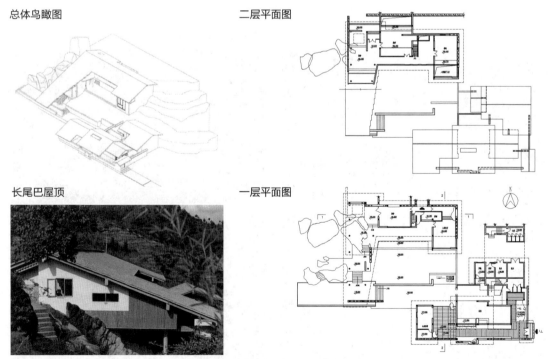

图片来源：彭怒，王炜炜，姚彦彬.中国现代建筑的一个经典读本：习习山庄解析.时代建筑，2007（5）.

平面中的梯形元素

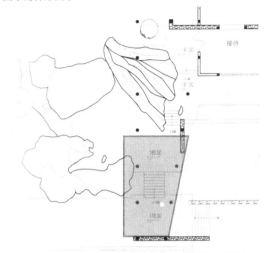

露台

剖面的梯形元素

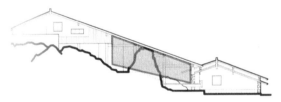

纵剖面图

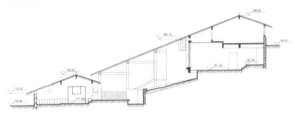

屋面小天井

侧立面图

横剖面图

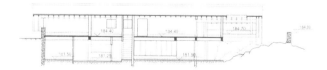

台阶

1.4.7 索特里亚旅馆

建筑师：（斯洛文尼亚）埃努塔　　　　　　　建筑所在地：斯洛文尼亚，博德森特克

建造时间：2006年

由斯洛文尼亚设计师埃努塔设计的索特里亚（SOTELIA）疗养旅馆，位于过去一直充斥着低造价和"工人阶级"建筑的温泉地段的山林坡地之中。设计应对山地环境的策略是最大限度地将建筑与自然环境相融合。这间旅馆是这里一系列温泉建筑中的最后一个。建筑处于现有的两个旅馆建筑之间的空地上，而现有的两个旅馆建筑有着不同的设计风格。新的旅馆并没有尝试从周边建筑中获得灵感，而是清晰地与周边建筑环境拉开距离而寻找与周边自然环境的关系。在设计上另辟蹊径，使其以一种更加超然的姿态凌驾于二者之上。

在设计过程中，建筑师避免建筑沦落为大型建筑群，因为那样会毫无新意可言，而且还会阻挡残存的一点森林景色。建筑体积被分成许多小单元，这些小单元再分层与地面结构紧密结合。于是一栋4层、150个房间的建筑看起来比想象中矮小许多。旅馆的形状是受制于地形的许多褶皱所限，并由此形成其独有的形状让路过的人都能有很强的空间体验。

此外，建筑师选择了与周边环境相近的竖向线条作为建筑肌理的主元素，使建筑与山林相融合。从正面看，建筑是二维的，是一些平行的平面组成的装置环绕旅馆，而从垂直于平面的木条到设计得很有韵律感的阳台和木质退台，整个建筑的立面展现出完全不同的景象。与建筑外立面对材料的处理手法相同，室内的设计同样通过对材料的精心运用来达到划分内部空间的目的。优质的木地板与地毯主要用于私密空间，而通透的玻璃材质和灰白色的水磨石地板则大量出现在公共空间之中。

该建筑设计形式简洁时尚，富有创意。建筑师对建筑结构形式的把握和对材质及其色彩的娴熟运用，使整个作品优雅且不失趣味性，同时也与周边的自然环境结合成一个有机的整体。

方案比选 1

方案比选 2

方案比选 3

方案比选 4

概念模型鸟瞰图

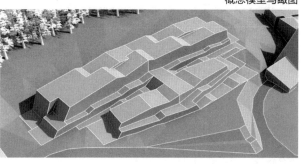

总平面图

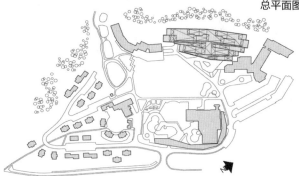

图片来源：http://www.archdaily.com

剖面示意图

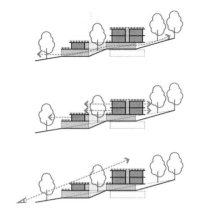

三层平面图

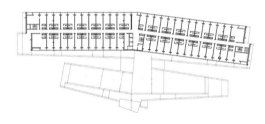

二层平面图

一层平面图

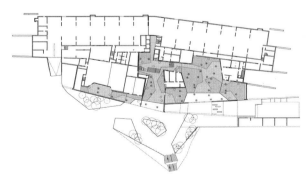

主要立面

建筑入口

庭院实景

1.4.8 探索饭店

建筑师：（智利）何塞·克鲁兹·奥瓦利　　　　建筑所在地：智利，复活节岛

建成时间：2007年

建筑所在的复活节岛，是地球最偏远和最隔绝的地方，是太平洋中间的一个岛屿，不属于任何一个群岛。杳无人迹的海域，孤独感如同真正的海沟，清晰地表现出来，建筑伸展的两翼，有如清晰的海岸线伸向远方，遗世独立与倾城魅惑。

建筑以一种秩序感出现在起伏的山地之中，建筑墙体从场地向着或升或降的海平线，陷下去或轻轻地抬起，使地面与天空之间的关系不断变化；海洋与地面、天空与大海，正在建筑的远近之间展开一种新的联系，呈现出一种新的秩序。建筑墙体沿着不分左、右、前、后的圆形图案试图圈画岛上的空间。建筑师希望通过圆形空间的转向，以静谧、多样的方式，为人流开辟多种行进方向的可能性。

在亚热带气候地区，建筑师运用加宽木屋顶来增大屋顶的阴影范围，获得阴凉。同时，建筑师将整个空间由封闭的室内向开放的室外逐渐分级，建筑成为多种空间的组合：封闭的空间、半封闭的空间、遮蔽的空间、半遮蔽的空间，同时这些空间又表现为地下、半地下、地面、地上、架高等不同形式，建筑空间丰富而热烈。

建筑整体由数个体块连接而成，体块间是不同属性与特点的开放空间，看起来如同流淌在群岛间的内海，这种空间更突出体现了建筑师对深邃空间存在的另一种追求。

 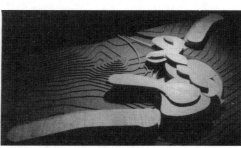

模型图

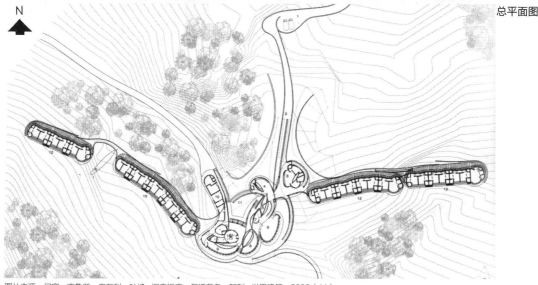

总平面图

图片来源：何塞·克鲁兹·奥瓦利，叶扬.探索饭店，复活节岛，智利.世界建筑，2008（11）.

剖面图一

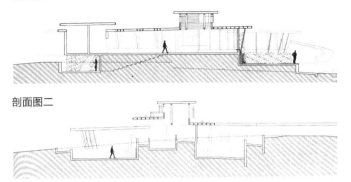

剖面图二

建筑外景

室内实景

屋顶平面图 屋顶结构分层图一

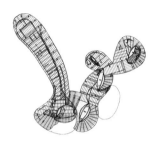

屋顶结构分层图二 屋顶结构分层图三

首层平面图

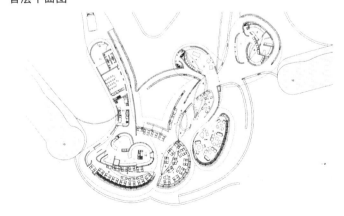

1.4.9 两塘书院暨金石博物馆

建筑师：（中）汤桦建筑设计事务所　　　　　建筑所在地：中国，广东韶关

建成时间：2017年

　　两塘书院暨金石博物馆位于广东省韶关市西郊天子岭山脚下，背山面水，坐拥一片带状水域，拥有绝佳视野与优越的自然景观条件。场地呈条状位于山脚，临湖面狭窄且高差变化较大。建筑以垂直于湖岸线的角度布置以适应长条状地形，体量修长并采用一条斜线来收小建筑面宽，使得整个形体更加纤细，弱化体积感，使建筑融于周边茂密的植被。为了充分利用得天独厚的自然资源，创造极佳的观赏角度，建筑师在建筑中创造了眺望平台，并将这一情绪推至屋面，最终将观赏者完全暴露在湖广山色之中，使人与自然在此处尽情地融合。可以说，屋面的观赏平台是这一建筑最为动人之处，因为它无法复制的自然美景在此处与人的共享。

　　建筑从东侧高处与盘山公路相接，机动车穿建筑而入，这是一种别开生面的进入方式，也是被地形逼迫而形成的绝妙之处。进入建筑可见始于首层的大台阶，连接了建筑屋顶，拾级而上，行至高处，湖景净收眼底。建筑通过体量穿套、切割，形成了层层叠叠的空间关系，增加了建筑中景深的体验。建筑中庭贯穿观景空间，使室内外空间有了交融的机会；虚体空间、景观、实体空间在此形成空间上的交叠，下沉的庭院则更加强化了人与空间及景观的互动。建筑外立面采用老砖砌筑，为厚重墙体增加了细腻的质感，质朴厚重的外墙与轻盈通透的玻璃以及大面的墙体开洞生动地结合在一起。

鸟瞰图　　　　　　　　　　　　　　　　　　　　位置图

立面草图

鸟瞰图

图片来源：https://www.archdaily.cn/cn/887645/riverside-academy-and-epigraphy-museum-tanghua-architect-and-associates-not-ready.

剖面图

负二层平面图

负一层平面图

首层平面图

1. 开放办公区 2. 入口门厅 3. 会议室
4. 卫生间 5. 办公 6. 露台 7. 设备

沿湖实景

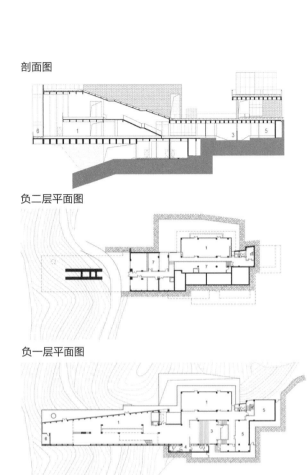

局部剖切图

透视图

屋顶台阶

室内透视

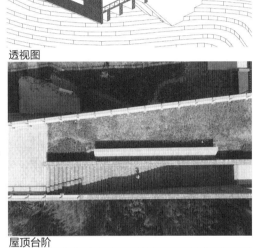

35

1.4.10 千岛湖东部小镇索道站

建筑师：（中）上海创盟国际建筑设计有限公司　　　　建筑所在地：中国，杭州

建成时间：2016年

千岛湖风景独特，湖映千岛、层峦连绵，颇有"青山隐隐水迢迢"之感，千岛湖进贤湾东部小镇索道站就建在这样一块背靠青山、面朝湖水，水边生芦苇，山坡上茶田叠叠与竹林散布的场地上。

设计概念逻辑来自山形，西侧建筑体量由高到低，建筑被绿植表皮和自然的竹木材料加以覆盖，从顶到底，形成整个山体景观的延伸与出挑，建筑基地近似方形，为整个建筑提供了几何生形的基础。建筑的整体关系上来看，建筑分为东西两部分，西部顺应山形，逐层退台，同时通过不同层次的退进与抬高，较好地解决了游客从码头至索道站登临索道的高差问题。退台的做法可以减小建筑体量感，建筑界面的内向倾斜则弱化了建筑界面的厚重感，使建筑整体更显轻盈。建筑东部是将于二期建设的游客中心，体量呈回字形布局，临空出挑，建筑之内交通流线弯转，展示、餐饮、纪念品、餐饮等功能串连，沿湖面尽可能打开，空间在内部景观与外部湖水之间相互延展、互相渗透。凌空出挑的体量，虽然表面上激化了建筑功能与场地环境之间的矛盾，却合理缓解了建筑体量与岸线标高之间的关系以及场地利用问题。通过出挑，建筑得以与水边岸线直接发生关系，水中建筑之倒影亦加入如画的环境中，成为建成环境中的一部分。山水与建筑在此相互掩映，成就全新的山水景观以及地景关系。

建筑师通过悬挑形成景框空间，从泱泱湖水中独取一框湖水来仔细把玩。当游客从山顶下缆车后，虽只得一框湖水的景致，却因小见大，品之有味。建筑外墙面采用细密的竹木作为围护墙体，细密纹理消弱体量感同时增强了空间渗透能力，在地材料的使用更增添了建筑的亲和力。

基地位置图　　　　　　　　　　　　　　　　　　　　　　　　　　**总平面图**

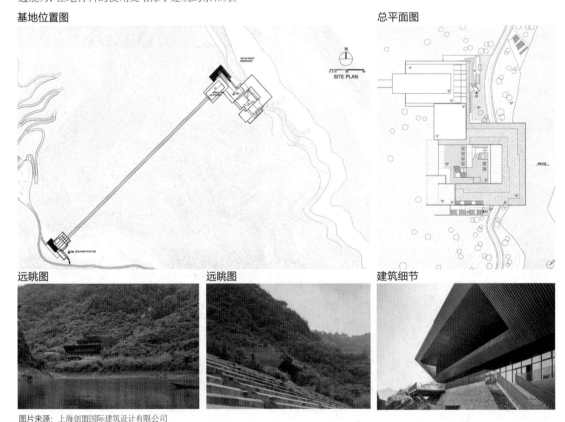

远眺图　　　　　　　　　　**远眺图**　　　　　　　　　　**建筑细节**

图片来源：上海创盟国际建筑设计有限公司

剖面图一

剖面图二

一层平面图　　二层平面图

三层平面图

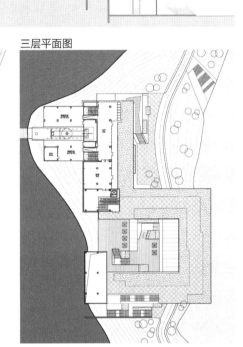

模型角度一

模型角度二

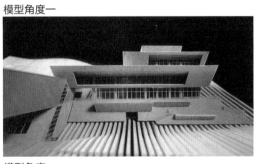

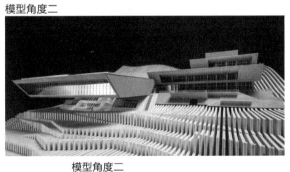

模型角度一

模型角度二

1.4.11 海法大学学生中心

建筑师：（以）Chyutin Architects建筑事务所　　　　　建筑所在地：以色列，海法
建成时间：2010年

海法大学位于以色列第三大城市海法，坐落在美丽的迦密山山顶，四周森林环绕，自然环境优美而独特。海法大学学生中心建造在迦密山一个向外突出的山脊上，从建筑可直接鸟瞰地中海海湾，领略到地中海迷人壮丽的景色。学生中心的布局顺应山脊走势由上而下、层层跌落展开，形成层层后退的露台，并与山体环境层层的贴合与连接，建筑走势与山体山势取得了较好的呼应。

建筑是由上而下逐层展开的。最顶部通过架空、引入等手法与学校主要道路相连，机动车可直接开至建筑屋顶，使用者由平台经室外楼梯、架空雨棚、升起的玻璃电梯厅进入建筑，显得轻松随意。为了压缩建筑体量，建筑主要功能空间的屋顶高度低于路面高度，建筑整体是在山顶道路以下隐藏入延山体之中。学生中心分为学生教务区和学生联盟区，在空间布局上也形成了一横一纵两个不同的区域，中部的门厅成为两部分之间的过渡。在竖向联系上，建筑通过台阶在室外垂直方向连通，同时入口处设有电梯，方便直达各层。

建筑与自然环境的密切融合是建筑最主要的特点，建筑依靠地形成逐层展开、折线形露台，犹如打开的折扇，并由两层凌空的建筑作为形态的收敛，在创造不同观景层次的同时，也创造了富有韵律感的建筑空间。这里既是学生们远眺风景的窗口，也是校园中的风景。

鸟瞰图

总平面

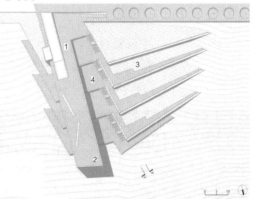

鸟瞰图

透视图

图片来源：http://bbs.zhulong.com/101010_group_201806/detail10044890/.

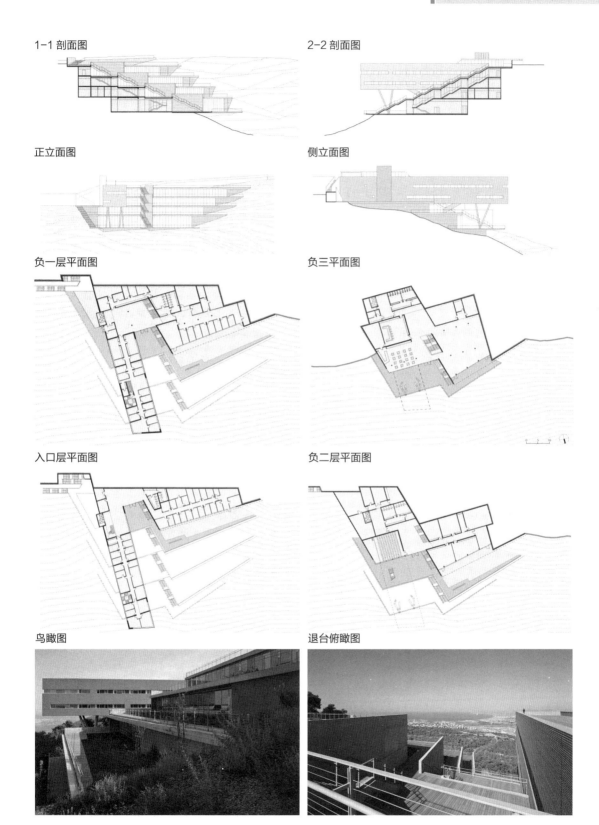

1-1 剖面图

2-2 剖面图

正立面图

侧立面图

负一层平面图

负三平面图

入口层平面图

负二层平面图

鸟瞰图

退台俯瞰图

1.4.12 重庆桃源居社区中心

建筑师：（中）直向建筑　　　　　　建筑所在地：中国，重庆
建成时间：2015年

　　建筑位于重庆市桃园公园半山腰上的一块洼地，四周被起伏的山形围合，建筑体量依山而建，避免过大规模的山体开挖。社区中心建筑整体呈环状，保留中央现存的自然水体，并将其塑造为建成场所中重要的景观主体。同时，有利于调节局部微气候，并为雨水收集创造有利条件。建筑的屋顶延绵起伏，配合周边的山体轮廓，将其覆盖的三个相对独立的建筑功能在外观上连接成一个整体，层层叠起的屋顶层次和自然山体相呼应。

　　社区中心包括文化中心、体育中心、社康中心三个基本功能，它们各自都有一个中庭空间，有的是坡地花园，有的是可以容纳社区生活与集会活动的绿化广场。分别通过天窗将自然光线引入内部。建筑通过一系列在顶板和墙体上的洞口、窗口、架空、回廊弱化建筑内外的边界，增强室内外的联系，使整体空间与天空、山景、树木、阳光和风相汇交融，最终创造一种人工与自然之间生机勃勃的共生关系。

　　重庆地区多雨，设计中延续了重庆当地传统建造中"风雨骑楼"的做法，通过大尺度的洞口与架空，使庭院与建筑不同部分之间形成多层次的空间与交通联系，无论在视线、还是在交通上，将都建筑室内外空间紧密地联系在一起。不同的人员在此停留、穿越和混合，既有相对限定的位置和区域，又可以在一个开放流动的空间架构中产生积极地互动，使建筑成为真正的社区中心。

总平面图　　　　　　　　　　　　　　**轴测图**

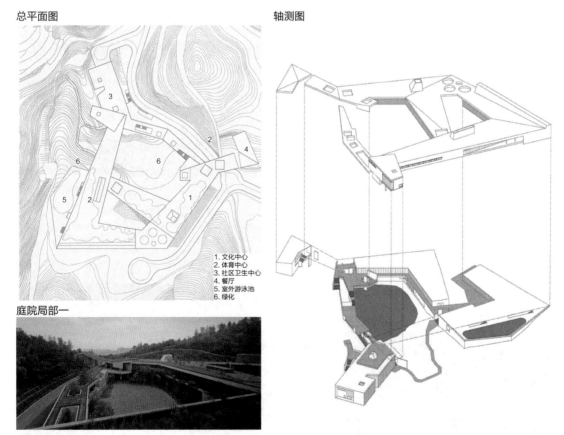

1. 文化中心
2. 体育中心
3. 社区卫生中心
4. 餐厅
5. 室外游泳池
6. 绿化

庭院局部一

图片来源: https://www.archdaily.cn/cn/776840/zhong-qing-tao-yuan-ju-she-qu-zhong-xin-zhi-xiang-jian-zhu.

三层平面图

剖面图

立面图

一层平面

二层平面

建筑模型

庭院内景一

庭院内景二

庭院内景三

庭院内景四

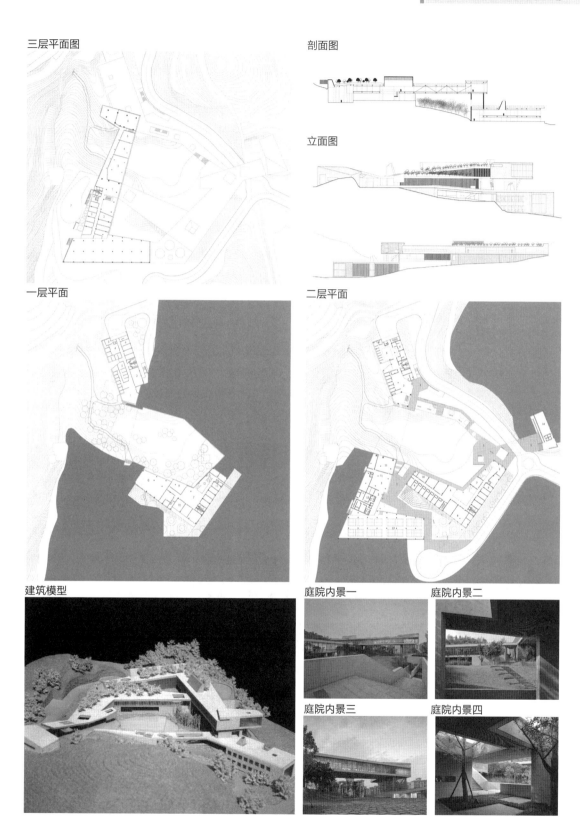

1.4.13 重庆璧山规划展览馆

建筑师：（中）汤桦建筑设计事务所　　　　建筑所在地：中国，重庆

建成时间：2013年

璧山紧邻重庆主城区，是典型的山地城市风貌。展览馆面向璧山秀湖公园，场地内地形起伏且东西向有较大高差，绝佳的地理位置、良好的生态环境与建筑景象为建筑师创作提供了良好的自然条件。璧山因境内"山出白石，明润如玉"而得名。设计主要元素采用三角形这一最为基本的几何形来回应璧山特殊的地理含义。

作为承接老城区展望新城区的重要公共建筑，璧山规划展览馆需要拥有开放的姿态，建筑师通过三个三角形的错位与关联，创造了一系列的内外庭院空间，与环境形成了多层次的互动。两个三角形的长边平行于规划道路，在空间上退让出一定尺度的广场空间作为主要入口。一条公共路径，跨越山体，穿过建筑，连接西边的水体和东边的城市，并在其上设置了诸多公共活动节点，衔接不同标高的展览馆出入口，增强了整个外部空间的公共性和互动性。主展馆的屋顶设计为大型观景平台，使整个秀湖公园的美景可以尽收眼底，成为市民化的休闲场所。

建筑的几个三角形几何体随着山势跌落，围合出一个三角形庭院空间。三角形的内庭院作为完全开放的城市公园与湖畔连接。在室内，观展者在行走的过程中，视线可以通过庭院与湖面的景色沟通，丰富观展体验。三角形作为设计母题从形体逻辑延伸到结构组织、室内装饰与展陈设计。建筑外在整体形象完整硬朗，内部庭院与室内空间丰富，在地形处理上，借鉴了退坡、吊脚、筑台、靠岩、重叠、出檐等巴渝地区传统山地建筑常用处理手法，在景观中使用了梯步、台地、吊脚楼、天井等传统地域性元素，使这座纯粹的现代建筑富有地域主义情怀。

体块生成　　　　**体块模型**

图片来源：城市·环境·设计，2017（06）：66-75.

剖面图

二层平面图

首层平面图

负一层平面图

1.展厅
2.展厅上空
3.设备房
4.车库
5.会议室
6.市民观景平台
7.门厅
8.序厅
9.讲解员办公
10.VIP 室

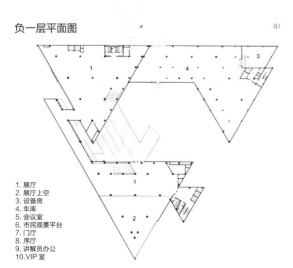

湖面透视

平台透视

庭院透视

庭院透视

1.4.14 六甲山集合住宅

建筑师：（日）安藤忠雄　　　　　　　　建筑所在地：日本，神户

建成时间：1983年

建筑大师安藤忠雄设计的六甲集合住宅，以与山坡有机结合、独特的外观和清水混凝土处理工艺著称，是建筑与自然地形完美结合的力作。

六甲山原是一座岩石山，滑坡现象经常发生，建筑基地位于神户六甲山山脚下一个坡度为60°的南向斜坡上。从基地可以欣赏到大阪湾到神户港全景。用地前面是一小块平地，后面则是树木茂密的陡峭斜坡。建筑师面对场地本身非常多变的地形，采用了谨慎尊重的处理方式。为了与周边乡村环境相呼应，建筑为低层并顺应山势而建，其中一部分掩埋在山里。整个住宅沿山而上呈阶梯状嵌在山坡谷地上，从断面图中也可以看到，住宅分成平地与坡地两部分。平地部分为六层建筑，在四层与坡地部分相连接。坡地部分每两层为一个单元，沿山坡呈台阶而上，上面的单元依托下面的单元支撑，最下面的单元完全接地，上层荷载有序地传递到最下面一个单元的地基，这个办法最大限度地减少了建筑接地的面积，使60°的山地上建造建筑成为可能。其中最为关键的就是最下面完全接地的单元，有了这个单元，山地的坡度就不会对建筑建造造成任何影响。

安藤的设计结合了陡峭的地势，将视景连向大海的同时引入了内部花园。整个工程不对称的设计自然映衬了地段本身的无规则性。整个项目设计在5.2m×5.2m的网格上，其中的每一组建筑为一个正方形平面，每边长为网格边长的5倍。整个项目就由两组这样的建筑组合在一起，通过有规律的集合排列，形成独特的造型，并根据地形逐渐升高。中央楼梯沿坡地笔直而上，穿过整栋建筑，是整个项目的轴线。另外，其中每组建筑被南北方向的空隙分成两部分。安藤在优美的自然环境中创造了一种新的、具有自己独特生活方式的城市区域，一种"精彩的集会概念和融洽的聚居模式"。

轴侧图

总平面图
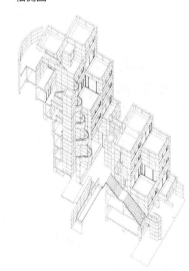

概念模型
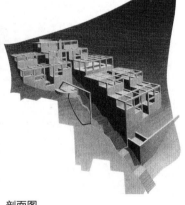

正立面图

剖面图
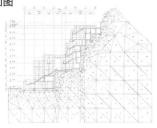

图片来源：理查德·莱文，费尔南多·马尔克斯·塞西莉亚.安藤忠雄 1983—1989.台湾圣文书局股份有限公司，1996.

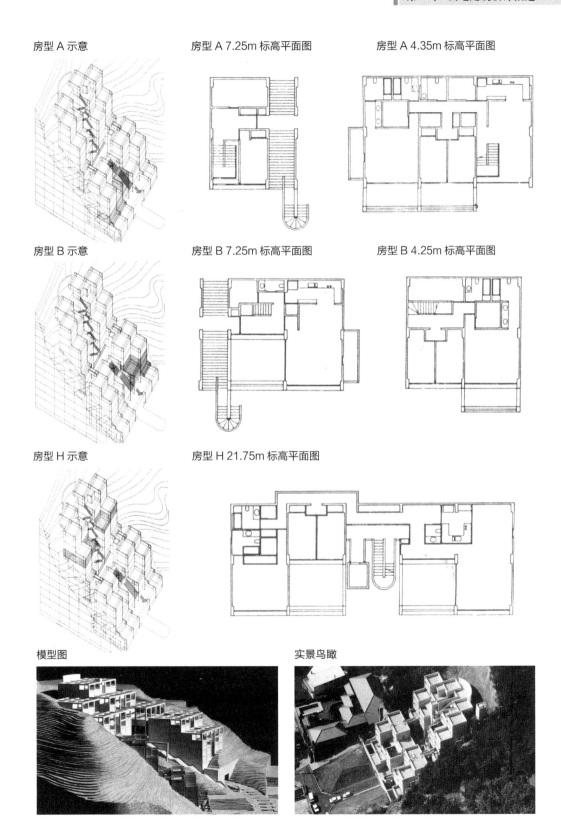

房型 A 示意

房型 A 7.25m 标高平面图

房型 A 4.35m 标高平面图

房型 B 示意

房型 B 7.25m 标高平面图

房型 B 4.25m 标高平面图

房型 H 示意

房型 H 21.75m 标高平面图

模型图

实景鸟瞰

1.4.15 317 社会住房

建筑师：（西）SV60 Architects建筑事务所   建筑所在地：西班牙，休达

建成时间：2016年

    这是个功能混合的社会住房，包括了317间补贴住房、在不同分区的商业和停车场。作为社会公共住房项目，建筑师基于提升居民居住质量、可持续地、多样化满足使用者需求的目标来进行设计，认为该项目提供给居民的不仅仅是一个建筑物，更是一种生活方式。建筑师认为场所是不同情景的空间叠加而成，每一个元素和事件都可以被看作是这个宽广、混杂的场所中的要素，从而运用空间、广场、街道、视觉节点和庭院等基本元素来定义新的"邻里"关系，尽可能地促进该地区资源的合理使用，运用有限的资源来创造更富有情趣与尊严的生活场景。

    建造地块坡度大，南北高度差为40m，建筑师通过规则的方格网将坡度较大的地形调整为不同的台地。建筑沿等高线在不同的高度上展开，并且从南向北延伸扩展。位于不同台地上的建筑沿地形水平延展，建筑间形成多个街道式空间，行人能够从建筑随时切入这些街道。这是个商业与社会住房相混合的项目。建筑师设想将317个社会住房和各种商业楼宇按不同的策略来加以布置。从项目外部表现来看，建筑空间较为顺畅连续，其中不同层次地面层都被架空成为可以公共活动区域，如广场、平台、街道等，公共活动平台之下则配置必要的停车位，建筑形态干净、硬朗而富有逻辑。建筑师在社会住宅高容积的要求下，注重平民生活空间品质，为创造更富有情趣与尊严的生活场所而体现的社会责任感让人印象深刻。

总平面图   **场地策略**

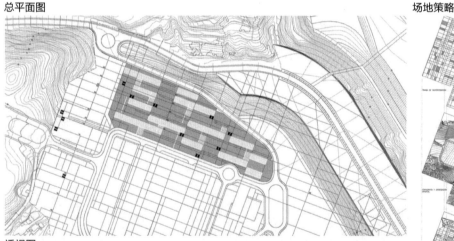

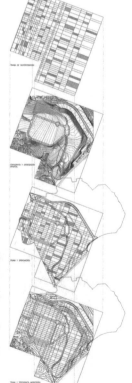

透视图

图片来源：http://bbs.zhulong.com/101010_group_201801/detail10133388/.

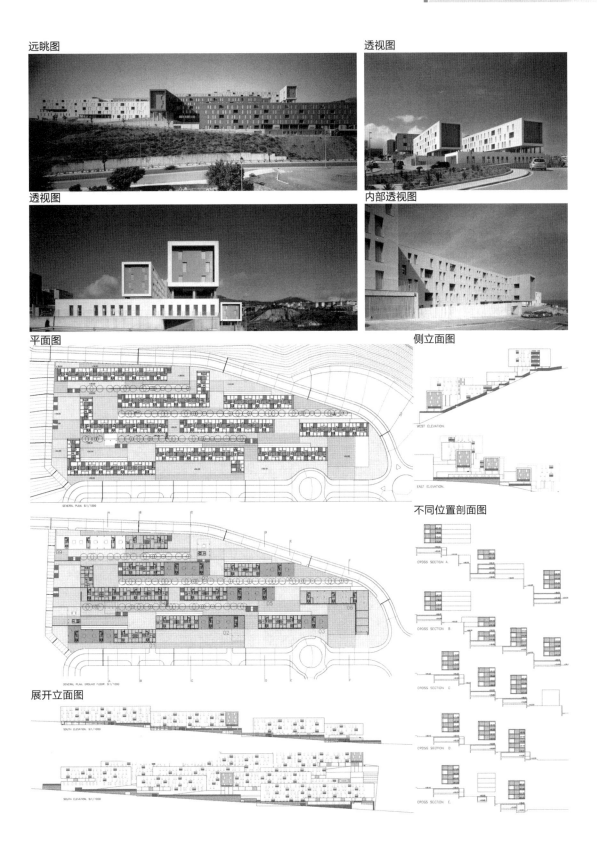

远眺图

透视图

透视图

内部透视图

平面图

侧立面图

不同位置剖面图

展开立面图

1.4.16 深圳美伦酒店公寓

建筑师：（中）都市实践 建筑所在地：中国，深圳

建成时间：2011年

深圳美伦酒店公寓坐落于深圳市蛇口半山腰处，功能为住宅公寓与酒店客房。典型的山丘地形激发了建筑师的设计灵感。建筑空间布局与该类型建筑的常规布局形制有较大的差异，关键理念是建筑师更加注重建筑与现有的地理条件的融合。在营造现代生活空间方面让人回忆起中国传统园林的精神体验，从而可以在传统的中国建筑里重新诠释人们对日常生活的体会以及空间环境的意向。

中国人通常使用"山—水"和"园—林"来表达一种对生活的理解和对自然的向往。运用此概念，建筑师希望能在当下塑造一种新的居住空间，又或者说是对传统居住空间的怀念，将传统的居住模式和现代生活结合起来。依地势和空间的围合要求，盘旋而出一段山形般波折起伏的建筑形体，把基地环抱其中，实现"山外青山楼外楼"的空间意境。园林与建筑结合是我国传统建筑的基本组合方式。总体上用建筑围合成了一个大庭园，园子中凿咫尺小池为镜，以桥为舟，建筑，临水而居，五个相互连通的小庭院，各具特色。当人们沿着小路在建筑内部漫步时，会形成一种连续不断的景观，移步易景，从而获得丰富的空间体验。

总体位置图

模型照片

实景鸟瞰图

鸟瞰图

图片来源：http://www.chinabuildingcentre.com/show-6-6-1.html.

剖面图

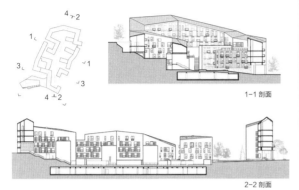

1-1 剖面

2-2 剖面

3-3 剖面

4-4 剖面

接地层平面图

局部透视

局部鸟瞰

庭院鸟瞰

庭院鸟瞰

第 2 章

山地建筑设计图解

2.1 设计前期

2.1.1 了解设计任务书

⊙ 设计任务书的特点

在实践工程中接触到的设计任务书一般都是由项目主管部门组织，或是由业主编制的对工程项目设计提出的具体设计要求，是工程建设的纲领性文件，其制约着工程建设的各个方面，建设项目的决策是否得当与设计任务书的正确编制关系十分密切（如 1 所示）。

在课程设计中接触的设计任务书是教师根据实践工程项目的具体情况，并结合教学大纲、教学目标的具体要求编制而成的，有较为真实的用地及周边环境条件，对于学生来说较容易寻找到设计的切入点，如对于城市历史文化的了解、用地自然环境及周边建筑情况的认识等，有助于设计构思的激发，同时也有助于学生在未来进入到实践岗位时对于实践项目的把握与开展。

⊙ 设计任务书的内容

在课程设计中，课程的设计任务书（如下页所示）一般应注意了解以下内容：

（1）设计项目概况。包括项目名称、建设地点、建筑规模及面积要求，项目的功能要求及较为具体的面积指标，建筑建设标准，以及建筑风格方面的要求。

（2）设计用地概况。包括①建设用地范围地形、场地内原有建筑物情况；②场地周围道路及建筑等环境情况；③公共设施和交通运输条件；④项目所在地区的气象、地理水文条件；⑤建设场地的地质条件、水、电、气、燃料等能源供应情况。

（3）教学进度要求。包括设计课程学期学习的时间进度安排，不同时间进度完成课程设计任务要求。

（4）设计成果要求。包括内容要求、表现形式、成果规格和提交格式等。

1 设计任务书所包含的内容

1. 设计项目名称、建设地点；
2. 批准设计项目的文号、协议书文号及其有关内容；
3. 设计项目的用地情况，包括建设用地范围地形、场地内原有建筑物、构筑物、要求保留的树木及文物古迹的拆除和保留情况等。还应说明场地周围道路及建筑等环境情况；
4. 工程所在地区的气象、地理条件、建设场地的工程地质条件；
5. 水、电、气、燃料等能源供应情况，公共设施和交通运输条件；
6. 用地、环保、卫生、消防、人防、抗震等要求和依据资料；
7. 材料供应及施工条件情况；
8. 工程设计的规模和项目组成；
9. 项目的使用要求或生产工艺要求；
10. 项目的设计标准及总投资；
11. 建筑造型及建筑室内外装修方面要求。

山地旅游休闲类建筑设计任务书

1. 教学目的

(1)学习中小型公共建筑设计原理及过程,进一步了解单元建筑设计的基本原理,理解与掌握具有综合功能要求的中小型公共建筑的设计方法与步骤;

(2)了解山地地形地貌对建筑空间组织、景观构成的影响,学习山地建筑设计的基本原理,重点熟悉并解决建筑的竖向关系以及山地建筑的设计特点;

(3)要求学生制作地形与建筑的工作模型,训练和培养建筑构思和空间组合能力;

(4)考虑气候与生态因素对设计的影响。

2. 设计内容

基地位于四川遂宁大英县风景旅游区内,基地周围由树林与湖面环抱,环境清幽,基地内无保留植被,基地之间为对外联系道路。基地用地面积约9 000m²,拟建一山地旅游度假旅馆,建筑面积控制5 500~6 500m²以内,不包括环境景观中心的亭、廊、榭等园林建筑。建筑具体形式可以由设计者自行设计。

3. 设计要求

(1)充分考虑依山傍水的自然环境,设计结合自然,体现灵巧、活泼、丰富的建筑风格。建筑不允许破坏山水景观的完整性。建筑高度不超过20m(以5层及以下为宜)。

(2)规划控制要求:建筑控制线退红线要求:沿道路退6m,其余各边退3m。建筑容积率不得大于0.75,建筑密度不得大于35%,绿地率不得小于35%。

(3)建筑要求:建筑的剖面设计应紧密结合地形地势变化,扬长避短,土方基本自我平衡;合理进行功能分区与流线安排;建筑形象与风景旅游环境相协调,与地域文化环境相协调。

(4)安排好建筑与场地,道路交通方面的关系,布置一定数量的停车位及绿地面积。应考虑停车位:小型车15辆(3m×6m),大中型旅游巴士2辆(4m×9m)。

(5)面积指标可参照《旅馆建筑设计规范》所规定的二/三级标准进行设计。

4. 设计内容与面积分配

(1)客房部分:总建筑面积3000~3500m²。房间分配可为:双床间60间,双套间6间。

服务部分按服务单元设置,一般每层为一个服务单元,管理客房12~20间。设楼层服务间,其包括工作间、贮藏、开水及服务人员卫生间。

(2)公共部分:400m²(含门厅、总台、值班、休息区、商店、商务中心、卫生间)。

(3)餐饮部分:400m²(含大餐厅、小餐厅、厨房)。

(4)康乐部分:400m²(酒吧、桌球、棋牌、KTV、多功能厅)。

(5)行政部分:200m²(办公、后勤、库房、职工宿舍、职工更衣、会议、开水间)。

(6)设备用房:200m²(配电室30m²,空调机房及锅炉房各70m²,安保、消防控制室及值班室50m²,修理间30m²)。

5. 图纸要求

设计成果以2~3张A1图纸与模型形式提供,内容要求:

(1)总平面图(含外环境设计)1:500;

(2)流线分析图与视线分析图(各1个);

(3)各层平面图1:100~1:200;

(4)标准客房放大平面图1:50或1:100;

(5)主要立面图(3~4个)1:200;

(6)主要剖面图(1~2个)1:200;

(7)彩色效果图或模型照片;

(8)设计说明及技术经济指标。

注:图纸签名统一写在图纸右下角,排成一行,依次为学号、学生姓名、指导教师、成绩4项。

6. 参考书目

(1)建筑设计资料集(第4集).北京:中国建筑工业出版社,2003.

(2)唐玉恩,张皆正.旅馆建筑设计.北京:中国建筑工业出版社,1996.

(3)卢济威,王海松.山地建筑设计.北京:中国建筑工业出版社,1996.

(4)高木干朗.宾馆、旅馆.北京:中国建筑工业出版社,2002.

(5)民用建筑设计通则(GB50352—2005).

(6)《建筑学报》《世界建筑》《时代建筑》等相关专业杂志。

7. 基地图

注:学号尾数除3,余数1者为一号基地,余数2者为二号基地,余数0者为三号基地。

8. 图面评分权重

功能结构30%;设计概念10%;空间与体型20%;图面效果25%;技术指标5%;制图规范10%。

2.1.2 认识基地——对基地所处区域及城市的认识

在设计之初，需要翻阅大量资料及进行现场调查，了解和认识设计基地所在区域位置、自然环境，历史文脉，周边建筑现状等与设计任务相关的信息。这些基础信息的整理与学习，有助于设计者对设计项目所处环境形成较为完整、全面的认识，易于从中捕捉到有用的信息，促进或激发设计灵感的产生，并在设计的推进过程中，更好地把握住建筑与所处环境的关系，从而形成与环境相适应的设计。

⊙ **对基地所处区域及城市的认识**

1）城市文化

任何建筑都不能脱开基地所处环境而单独存在。因此，对基地所在区域进行全方位的了解和考察是设计开展的第一步。城市所处地区的地势地貌、气候条件、城市的经济文化氛围以及居民的生活习惯都影响着一个城市的建筑形式。今天快速城市化进程中，各个城市的建筑趋同现象日益严重，正确挖掘每个城市的地方特色是建筑师应该面对的问题。

城市文化是市民在长期的生活过程中共同创造的。具有城市特点的文化模式是城市生活环境、生活方式和生活习俗的总和，其包括城市发展过程中的形态文化、经济文化、社会文化和精神文化等方面。城市居民的日常活动和兴趣爱好以及城市的整体面貌都反映城市的性格。城市居民的喜好和性格特征体现在居民的日常活动中，从而进一步映射到生活空间，乃至城市建筑中。好的建筑设计，可以最大程度地迎合城市居民的喜好和需求，融入城市氛围中（如 1 2 所示）。对于城市文化的研究，需要基于对城市的整体理解，其与城市的历史发展、居民的日常活动不可分割。

2）历史传统

了解基地所在城市的历史传统是设计初期的重要资料储备。在进行建筑设计时，最大的难点经常是寻找到一个灵感后，追逐这一灵感将其融入设计的各个部分。而对基地所处城市的城市历史传统的学习，可以为设计提供灵感。

从了解城市历史的过程中，可以找到很多灵感来作为设计概念和意象的出发点，如 3 所示，不管是历史人物、历史元素、历史建筑还是历史事件，都有可挖掘可利用的元素。

在设计中，场地周边区域的历史文脉是不可忽视的。与场地其他自然条件和人工条件不同的是，历史文脉不是看得见摸得着的，但它确实存在于整个区域和城市里，是构成城市文化的重要组成部分。历史文脉切实地影响着城市空间形态和建筑风格，在设计开始前需要充分分析和掌握城市历史文脉（如 4 所示），并将其运用到设计中去，使建筑与城市能更好地融合，体现建筑所在城市的特点。

3）历史建筑

城市中的建筑反映了城市历史、传承了城市历史，是建筑设计时不能忽略的设计因素之一，设计中需要持续不断地从历史建筑作品中挖掘灵感。

对于城市里历史建筑的学习和研究，可以从城市的发展史入手，选择有历史意义和研究价值的历史建筑来重点学习。城市中老建筑，特别是民居建筑中所体现出的传统空间形态反映了城市居民长久以来居住习惯和对建筑空间的喜好，与城市的自然条件和人文风俗都有密不可分的关系。在进行建筑设计时，需要对城市中的传统空间形态和这些形态的影响因素有所了解（如 5 所示），并合理有效地运用在新建筑的设计中。

---

5 图片来源: 卢元鼎, 陆琦 . 中国民居建筑艺术 . 北京: 中国建筑工业出版社, 2010.

1 上海街头繁华忙碌的城市氛围

上海街头的行人匆匆的步履反映着这座国际化大都市忙碌而繁华的城市氛围。

2 成都茶馆轻松闲适的的城市氛围

"天上晴天少，眼前茶馆多。"成都悠闲的城市氛围和遍布大街小巷的茶馆形成了成都独特的城市文化。

3 历史资料的搜集

从历史人物、历史元素、历史建筑和历史事件中汲取灵感，挖掘一切可以作为设计立意的元素。
中国古代建筑和中国的近代建筑都是在设计之初资料搜集的一个重要部分。

4 城市文脉

苏州古城西段历史遗迹的分布情况，显示了这一区域的历史风貌，是城市历史延续情况直观的展示方式。

5 传统建筑资料搜集

（a）客家土楼　　　　（b）徽州民居　　　　（c）江南园林

中国的很多城市的发展经历了漫长的岁月，不同的历史发展为城市积淀了不同的建筑类型，形成了完全不同的城市风貌。

2.1.2 认识基地——对基地既有环境的认识

◉ **对基地既有环境的认识**

1）周边建筑现状

除了城市之外，基地周围的建筑与新建筑间的关系更为直接，如何让设计出来的建筑更好地融入既有环境之中，一直是建筑师关心的问题。使建筑融入既有环境，并不是简单地把建筑按既有环境一模一样的复制，而是根据周边建筑的特点，例如材质、体量、比例等来控制新建建筑的形态，使其既有特色、满足现代建筑的功能需求，又可以和周围建筑和谐相处。有时，通过城市各个历史阶段地图的查看可以感受整座城市的变迁历史，加深对基地的了解，也为设计提供一些灵感和依据，比如基地上或基地周围曾经的道路可以作为设计中确定建筑的边界或者轴线的依据（如 1 所示）。

2）周边交通状况

场地周边的交通状况决定了场地入口的方向和入口大小等级。场地周边的主要干道和次要干道，车行道和人行道，这些不同的道路类型会在场地的不同部位引入使用者，设计者需要将不同道路类型设计合理流线，在基地中的合理布置主入口、次入口、疏散广场、停车场等功能空间的位置（如 2 所示）。

3）周边自然环境

建筑设计范畴内的场地自然环境要素，指的是对设计基地产生影响的场地原有的环境要素，如地形、地势、水文地质、植被水体、日照等。对场地环境要素分析是设计前期一个重要部分，它对建筑的总平面布置、建筑平面、立面和外观都有很直接的影响。山地建筑的场地环境要素往往会成为设计的灵感。

（1）地形和地势地貌。山地基地地形、地貌对建筑设计会产生直接的影响。山体的坡度、山位特征、山体走向都影响着建筑的体量与体块分割、建筑的高度与面积大小、建筑入口和与外界联系方式等。如 3 4 所示的美国道格拉斯住宅和西班牙巴奎伊拉住宅，建筑师对特殊的地形地貌作出适当的回应，使建筑能更好地融入和体现出周边自然环境的特征。

（2）树木和植被。不同地理条件下的山脉植被有很大不同，有的山坡被草地所覆盖，有的山坡则可能布满参天大树。这些不同类型的植被决定了山地的风貌，从而对建筑设计产生影响。 5 所示的德国亚琛独户住宅，建筑师在设计时直接利用树木作为建筑结构或维护结构的建筑材料，使建筑与环境充分融合。

（3）水体。场地周边的水体情况是场地设计中另一个重要的设计依据。如 6 所示，水体与场地设计紧密结合，水体的面积和形态可以为场地带来不同的空间感受，并成为场地景观的亮点。在炎热的夏季，水面也可以为建筑带来一丝凉意，是一种天然节能的降温方式。

1 图片来源：http://www.idmen.cn/?action-viewthread-tid-3052.
3 图片来源：大师系列丛书编辑部. 普利茨克建筑奖获得者专辑. 武汉：华中科技大学出版社，2007.
4 图片来源：（西）F. 阿森西奥. 世界小住宅 5：高地别墅. 张国忠，译. 北京：中国建筑工业出版社，1997.
5 图片来源：（西）F. 阿森西奥. 世界小住宅 5：高地别墅. 张国忠，译. 北京：中国建筑工业出版社，1997.
6 图片来源：大师系列丛书编辑部. 普利茨克建筑奖获得者专辑. 武汉：华中科技大学出版社，2007.

1 马德里当代艺术博物馆

在材质、体量、比例等方面来控制新建建筑的形态，以达到既富含新建建筑的特色、满足现代建筑的功能需求，又可以和周围建筑和谐相处的目的。

2 新建建筑周边交通环境

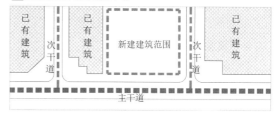

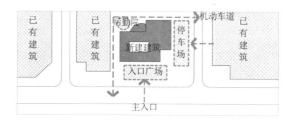

场地周边的交通环境影响着建筑的交通流线组织及主入口、次入口、停车场等功能空间的安排。

3 美国道格拉斯住宅

道格拉斯住宅位于等高线十分密集的山地中，建筑通过一条狭长的通廊与公路相连，使用者从入口进入建筑的顶层，再由室内的竖向交通空间到达建筑的主要使用空间。这种入口形式在山地建筑中十分常见。

4 西班牙巴奎伊拉的住宅

西班牙巴奎伊拉的住宅设计充分体现了建筑师对周边环境特点的利用。建筑使用了当地的石材作为材料，同时由于此地冬季十分寒冷，建筑半埋入山体之中，形成了建筑仿佛与山体融为一体的建筑效果。

5 德国亚琛的独户住宅

德国亚琛的独户住宅位于林区，建筑被茂密的森林包围，建筑师以木材和玻璃为主要材料，创造出一个视野开放亲切宜人的独户住宅。

6 圣·克里斯特博马厩与别墅

水面如同一面镜子，可以将建筑投射在水面上。建筑师巴拉干的作品以色彩鲜艳而为人称道，投射在水面上的鲜艳色彩使建筑空间更加灵动。

2.1.2 认识基地——对建设基地的认识

◉ **对建设基地的认识**

1）场地竖向条件

对山地建筑来说，场地内部的高差是在进行总体设计时最需要重视的要素之一，需要根据场地内的等高线疏密来判断基地内适宜建造的区域。如 1 所示，等高线过于密集的部位，在设计中需要小心避让，而将建筑的大部分体量坐落在等高线平缓稀疏的位置，以减少对山地环境的破坏和建造时的土方工程量。

2）场地地质条件

不同的基地有不同的地质状况，这意味着基地对其上建筑物的承载能力也不相同。因此，在总体场地设计时，需要根据基地内不同区位的地质状况进行合理的总体布局。对于弱承载力的土地可规划为停车场或者景观等功能，并可以采用多种巩固建筑基础的方式来增加建筑地基的稳定性。

3）场地交通条件

场地周边的交通状况决定了车流和人流进入场地的方向和流量。基地的出入口设置应该根据周边道路等级，按照建筑规范的要求设置。《民用建筑设计统一标准》（GB50352-2019）中4.1.5条对基地出入口的要求如 2 3 所示，相关设计规范对基地疏散口的出入口和疏散宽度都有规定，在场地设计时应该参照规范的要求进行设计。停车场地的设计应该结合基地道路规划和建筑的使用功能综合考虑。

1 山地适宜建造范围的分析图

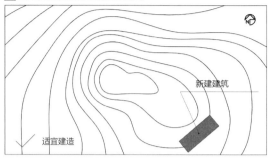

2 基地机动车出入口位置图解

3 《民用建筑设计统一标准》（GB 50352—2019）有关出入口的相关规定

4.2.4　建筑基地机动车出入口位置，应符合所在地控制性详细规划，并应符合下列规定：

1. 中等城市、大城市的主干路交叉口，自道路红线交叉点起沿线 70.0m 范围内不应设置机动车出入口；

2. 距人行横道、人行天桥、人行地道（包括引道、引桥）的最近边缘线不应小于 5.0m；

3. 距地铁出入口、公共交通站台边缘不应小于 15.0m；

4. 距公园、学校及有儿童、老年人、残疾人使用建筑的出入口最近边缘不应小于 20.0m。

案例　基地所在区域及城市的认识分析

◉ 城市地理特点分析

本设计基地位于四川省遂宁市大英县风景旅游区内。大英县处于四川盆地中部、遂宁市西部、郪江中下游流域，属亚热带湿润季风气候区。常年气候温和，雨量充沛，雨热同季，四季分明；境内地势分为平坝、浅丘和深丘，景色宜人。在多山地带进行设计时，需要特别注意建筑与周围环境和地形的相互结合。表示了设计基地的地理与区位关系。

◉ 城市文化传统分析

遂宁市以深厚的文化底蕴、迷人的灵性山水和发达的农工商贸而成为川中政治、经济和文化中心，尤其以观音文化闻名。

遂宁市下属的大英县还有着丰富的盐卤文化，盐的开采经历千年而延续至今。大英至今仍保留的古盐井——卓筒井（如2所示），是手工制盐的活化石，被誉为中国古代第五大发明，古盐井的造型极具特点，可以从中挖掘在设计中可以利用的元素。大英县内的蓬莱镇因在小蓬莱山下而得名，与道教神仙相关的宗教遗迹众多，也被称作采荷之乡。

◉ 城市的功能特点

如3所示，大英县区整体规划分为八大组团：行政新区综合组团、旧城生活居住组团、文化产业园组团、太吉生活居住组团、郪江新城生活休闲组团、蓬莱山休闲度假区、葫芦坝——红花坝片区、聂家坝——梁家坝生活居住组团。基地位于生活产业组团内的黄金地段，毗邻郪江，有独特的景观优势，如4所示，距慢谷区、死海区、学校教学区、行政新区综合组团中心等都较近，有便捷的交通联系，具有得天独厚的区位优势。在设计总体布局阶段应该以功能规划为出发点，进行合理的功能布局和交通规划。

1 大英县的地理位置

四川省

遂宁市

大英县

本案所在地

2 大英县的卤盐文化

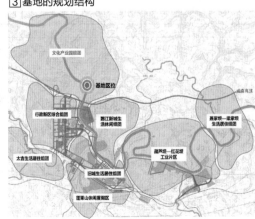

3 基地的规划结构

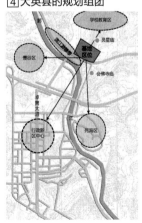

4 大英县的规划组团

案例　基地自然环境条件的认识分析

⊙ 环境条件分析

植被：如 ①所示，基地周边目前是以农田为主，沟谷里为水田，山坡上为旱地，梯田是场地周边突出的景观意向。

水体：在基地周边最重要的景观要素就是紧贴基地一和基地二的郪河，如 ②所示，郪河河面宽约70m，水质清澈，河岸有灌木等植被覆盖，有一座东方布兰桑艺术大桥横跨郪河。在设计中，应该重点考虑山地上建筑与郪河的相互关系，最大限度地利用郪河的景观。

朝向和视野：基地内坡地的走势由西南到东北逐步升高，场地南面郪河穿流而过，这两者共同决定了建筑将以西南向的体块为主，也可以根据建筑内部功能的需求分成不同的体块来处理建筑的朝向问题，例如对景观要求较高的门厅、餐厅和公共活动室，就可以顺应郪河的走势布置，以获得最大的景观面。朝向的设置应该结合建筑的造型共同考虑，在建筑造型、日照和景观之前权衡，作出取舍。

噪声：基地位于旅游风景区内，环境宜人，除了来往的游客之外没有过多的人群，地块内有一条景区道路通过之外，其他均为基地内规划的次级道路，来往车辆不多。基地周围是农田和平房，基本没有噪声。在进行设计时，只需道路退界。

⊙ 交通条件分析

如 ③④所示分析，基地周边有三条道路，其中一条为主景区道路，但与基地并不直接相连。与连接基地直接相连的为三个地块间的规划道路，是与外部主景区道路相联系的主要道路，也是布置主要出入口的方向。

⊙ 现有建筑条件分析

建筑基地内部目前散落有砖房若干，可以根据设计需要予以拆除。

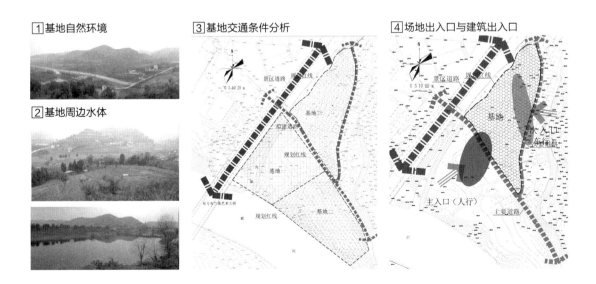

①基地自然环境

②基地周边水体

③基地交通条件分析

④场地出入口与建筑出入口

案例 对基地场地条件的分析

如基地模型 1 所示，三块设计用地相毗邻，基地间以规划道路相连，西侧为景区主干道路，设计用地均位于山麓，基地三整体高程高于其他两块基地，且直接与山脚相连，以下为具体的场地条件与总体布局分析。

基地一场地条件与总体布局分析

如基地地形与模型 2 所示，基地一西南方位地势最低，最低处为302.75m，从302.75m到305.75m处等高线比较密集，说明坡度较陡。坡度从西南往东北逐渐升高，在306.75m到311.75m处，坡度较缓，有大块的利于建造的平缓的坡地。

基地一每条等高线之间的距离相对较大，因此在总体设计中，只需将坡地稍作平整就可以得到比较完整的场地。在这种用地条件下，可以根据建筑体量与坡地高差的关系来分为两种处理方法。

（1）建筑由一个完整的大体量和若干较小的体量组成，可以把建筑的大部分体量布置在较为平整的场地上，其他较小的体量根据造型和功能需要沿着山体等高线爬升。这样做出来的建筑主次分明，在保证大部分空间完整的同时也可以很好地利用山地的地形特点。

（2）建筑由若干个大小相近的体量组成，可以将这几个部分的体量分别设置在不同高度的地坪上，根据建筑功能要求划分成几个体块，不同地坪的高差就成为天然的划分功能区的工具。

基地二场地条件与总体布局分析

如基地模型 3 所示，基地二的整体地势高于基地一，西南面从300.75m的高度陡升到308.75m，相邻等高线之间的距离在3m左右。309.75m到311.75m之间坡度趋于平缓。基地的最高处达到了316.75m，提供了良好的眺望郪河的视野。

基地二场地呈条形沿着郪河分布，可以选择将建筑沿着等高线排布，这样可以得到最佳的观景视野，处理方法可以跟基地一的相似，将建筑向河流方向打开。

基地三场地条件与总体布局分析

如基地模型 4 所示，基地三的场地十分狭长，沿着道路排布，被三条道路所包围。除了场地西面309.75m高度有一片很大的空间外，从310.75m到319.75m的高度等高线分布均匀，等高线的距离在5m到7m之间。基地内部较高的位置可以远眺到郪河，309.75m的位置可以隔着东方布兰桑艺术大桥远眺景区山脉的风景。

对于基地三的处理方法，如果从利用周边景观的角度出发，建筑可以考虑面向郪河方向开放，这样建筑就要沿着山地层层攀升，由于基地东部的等高线较为密集，所以建筑可以考虑用架空或者嵌入山地的手法与环境更好地融合，同时获得更好的景观面。

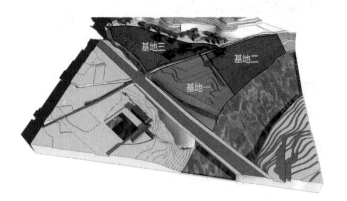

1 基地整体模型

用计算机辅助设计只是目前在设计中常采用的技术手段。图中为用 Sketchup 软件建立的计算机辅助模型，可以对山地地形条件有更为直观的认识。

②基地一设计分析图

由于基地一平缓地段相对较小，可以将建筑的主要体量放置于场地内平整的区域，在坡度较大的区域以较小的建筑体块点缀，与主建筑体量形成对比。

另一种处理方式是将建筑分割为若干大小相近的体量，分别布置在不同高度的地坪上。

③基地二设计分析图

基地二沿河岸分部，有着较好的景观面，可以将建筑沿等高线面向河面分布，得到更大的景观面。

④基地三设计分析图

基地三有两个开阔的界面，建筑可沿界面展开以更好地利用景观。

2.2 总体设计

2.2.1 场地的利用——场地高差利用、原有建筑处理

◉ 场地高差利用

在山地建筑设计中，建筑师要在有坡度和高差的地形上设计建筑，需要运用恰当的设计方法，使建筑与场地能够理想地结合。建筑与环境的妥善融合是建筑师尊重环境与自然的一种体现，也是对设计能力的一种考量。

对于基地内的高差的处理，可以简要的总结为以下五种方法。

（1）平整场地。利用场地内原有的地形打造景观不但是一种节省的方式，更可体现出建筑师对场地的一种了解和重视，也会使整个建筑更具原生性格（如 1 所示）。

（2）建筑物沿等高线排列。如 2 所示，建筑的排布顺应坡地的等高线，是对地形最大程度的适应，其对地形的改变也是最小的。

（3）建筑物与等高线斜交。如 3 所示，建筑与山坡的等高线斜交，这种排布方式可以使建筑的形体与空间富有更多变化的可能。

（4）建筑物与等高线垂直排布。如 4 5 所示，建筑沿坡地等高线垂直排布，在纵向高度方向，形成与坡地坡度走向相一致的建筑形态，其与山势的协调性较好。

（5）将坡地整合为阶梯状的平地，再进行设计。如 6 7 所示，这种处理方式可以保证建筑内部空间和形体上的完整性，但是要对地形作出比较大的改动，适合建筑体量较大的建筑或建筑组群。

◉ 原有建筑处理

基地内常常有一些原有建筑，由于建造年代的差异，建筑风貌也各不相同。根据原有建筑呈现出的不同面貌，新建建筑也有不同的处理方式。对基地内原有建筑的处理，可以简要的总结为以下四种方法。

（1）当原有建筑没有历史和审美等保留价值时，可以将其全部拆除；也可以在拆除原有建筑的同时，回收建筑材料并应用到新建建筑上，让原有建筑以另一种形式继续留存（如 8 所示）。

（2）将原有建筑部分拆除，选择有价值的部分保留。老建筑的空间常常无法适应现代的功能需求，但在建筑外形或历史传承上又有一定的价值，这时就可以选择将老建筑有价值的部分保留，将其余的拆除；或者通过改变原有建筑的功能，使其适应新建筑与现代功能的使用需求；对老建筑室内空间进行微调，达到改变其使用功能的目的，植入现代的使用需求（如 9 所示）。

（3）将原有建筑迁移。随着城市的发展，老建筑所处的位置可能不利于建筑的保存，这时可以通过把它整体迁移到城市的其他区位来保存。现在的上海音乐厅就是从原址整体抬高平移而来，完整保留了建筑原貌。

（4）将原有建筑完全保留。将原有建筑作为场所记忆保留，并在新建筑的设计上与之相呼应，可在新建筑中体现老建筑的元素；可以将新建筑朝向原有建筑开放，把原有建筑作为新建筑的景观焦点；建筑师根据原有建筑的特点，既可以选择新建筑融入老建筑之中的处理方式；也可以让新建筑与老建筑完全分离，在外观和体量上形成一定的对比和呼应；还可以采用新建筑将老建筑完全包围的方法，使其成为建筑室内景观的一部分。贝聿铭设计的卢浮宫加建工程就采用的是将原有建筑完全保留的做法（如 10 所示）。

2 3 4 图片来源：张伶伶，孟浩. 场地设计（2版）. 北京：中国建筑工业出版社，2011.
5 6 图片来源：卢济威，王海松. 山地建筑设计. 北京：中国建筑工业出版社，2001.
7 图片来源：张伶伶，孟浩. 场地设计（2版）. 北京：中国建筑工业出版社，2011.
8 图片来源：http://www.archdaily.com.
9 图片来源：宗轩. 上钢十厂的优雅转身：上海红坊国际文化艺术社区更新实践. 城市建筑，2011（8）.
10 图片来源：大师系列丛书编辑部. 普利茨克建筑奖获得者专辑. 武汉：华中科技大学出版社，2007.

1 基地高差的处理方式

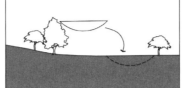

当基地内有小土丘或者洼地时，可以利用挖土和填土的方式对场地进行平整，在平整的地块上进行设计。

将土丘修整成高出地平的平台，创造出一个相对便于处理的高差，减少挖土量，同时也增添了丰富空间的可能。

合理利用场地内的土堆进行再设计，形成基地的新地景。

2 建筑沿等高线排列及多样性的变化

3 建筑与等高线斜交

4 建筑与等高线垂直排布

5 建筑与等高线垂直排布

6 将坡地平整为几块阶梯状平地

7 将坡地修整为一块平地

8 宁波历史博物馆

王澍设计的宁波历史博物馆，利用江浙地区民居废弃的瓦片作为新建筑的立面材料，利用层层叠叠的瓦片为新建筑带来的全新肌理的同时，也将地域特色融入了新建筑之中。

9 上海上钢十厂改建

上钢十厂厂区位于上海淮海西路，上海城市中心地段。改造中，保留原有建筑的高大空间特色，使工业建筑的钢筋铁骨与粗犷雄健的性格得以延续，改造后，上钢十厂变身为上海雕塑艺术中心，其所在区域也成为富有活力的国际文化社区。

10 卢浮宫加建工程

贝聿铭设计的卢浮宫正门入口透明金字塔，为卢浮宫与巴黎增添新的光彩。建筑师从尊重卢浮宫历史文化的角度出发，新建部分建于地下，只在地面上露出玻璃金字塔形采光井。新老建筑分离又彼此联系，对比又彼此协调。

2.2.1 场地的利用——植被、水域、视野、噪声、风向、日照

⦿ **植被**

基地里的树木是基地环境的重要组成部分，基地上树木的处理可以简要总结为三种方法（如 1 所示）。

（1）根据总平面设计的需求和树木的种类，适当移除一些树木。为了满足建筑空间，往往不能原封不动地保留场地上的树木，必须将其中一部分移出场地，或者移栽到场地另一部分。

（2）全部保留，作为室外景观。树木和树林是令人心情愉悦的室外景观，在建筑设计中可以结合树木，合理排布建筑开敞面以获得良好的景观面，还可以利用树林带来的阴凉作为室外活动的场所。

（3）用建筑把树木包围，使树木成为内院景观。利用树木形成屏障，遮挡日晒和噪声。

⦿ **水域**

基地中水与建筑的关系处理得当可以让建筑品质得到升华。其处理方式可以简要总结为四种方法（如 2 所示）。

（1）将基地内水域排水填平。如果基地内水域面积不大或者观赏价值不足，可将其排水填平。

（2）结合新建筑进行景观设计，赋予水域新的形状和区域，与新建筑融为一体。这是最充分利用基地里水域特点和优势的处理方法，新建筑可与水域有一定距离，面向水域开放，以水域为景观；可降低建筑高度尽量贴近水面或将建筑部分或全部架空于水面之上，营造亲水氛围；也可让建筑完全被水域包围，仅通过桥与陆地联系。

（3）将建筑建于水下，保证整个环境和水域周围景观不被建筑破坏。

（4）通过恰当的设计手法与技术处理，将水引入建筑，使水体与室内空间融合，成为建筑的一部分。

⦿ **视野**

对建筑视野的塑造需要基于对场地内周边环境和景观的理解。将建筑界面向场地内外的景观打开，是为建筑打造出良好视野的基本处理原则。建筑获得良好视野的方法可以简要地总结为以下三种（如 3 所示）。

（1）在朝向景观面的方向，设置对景观视野要求较高的空间，设置采光充分的窗户、玻璃幕墙和开放空间，并避免影响视线的遮挡物出现，或者用阶梯型空间的处理方法使建筑的每一层获得更好的视野。

（2）利用隔墙或植物等遮蔽物，来隔断场地内的不良视景。

（3）将场地内的景观包围进建筑内部，成为建筑内部的视觉焦点。

⦿ **噪声**

不同的建筑功能要求，对声音环境要求也不同。住宅、学校、医院等对声环境要求高的建筑，在总平面设计时需考虑噪声对建筑的影响，并采取相应措施降低噪声干扰。应对噪声干扰的处理方法总结为以下三种（如 4 所示）。

（1）让建筑建于远离噪声源的位置；

（2）利用相对不受噪声影响的功能，例如交通空间来阻隔噪声，把需要安静的空间与噪声源分隔开来；

（3）利用基地中的树林或者山坡来减弱噪声，也可以通过建造围墙来隔绝噪声。

⦿ **风向**

场地设计时应避开排放有害气体建筑的下风向。在夏热地区应尽量利用风向角度帮助建筑的自然通风。

⦿ **日照**

场地的日照条件决定了建筑了朝向，不同类型建筑对日照要求不同，充足的日照是室内空间的要素之一。建筑师在场地设计时应考虑日照条件对建筑的影响（如 5 所示）。

1 基地内树木的处理方法

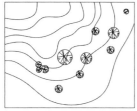

（a）基地原状

（b）适当移除一些树木

（c）全部保留

（d）用建筑把树木包围

2 基地内水体的处理方法

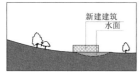

（a）将水域排水填平

（b）结合建筑综合设计

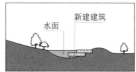

（c）把建筑建于水下

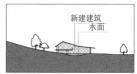

（d）把水引入室内

3 建筑视野的处理方法

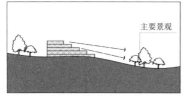

（a）面向景观面设置高品质空间

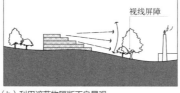

（b）利用遮蔽物隔断不良景观

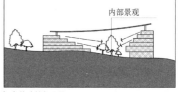

（c）将建筑包围景观

4 对基地内噪声的处理方法

（a）建筑远离噪声源

（b）利用次要空间阻隔噪声

（c）利用景观或构筑物减弱噪声

5 建筑获得基地内风向的处理方法

（a）避免原有建筑遮挡

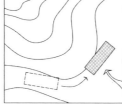

（b）建筑面向最佳朝向

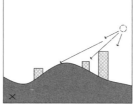

（c）建筑采光被高层及山坡遮挡

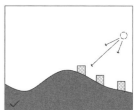

（d）建筑获得良好的采光

2.2.2 建筑的功能

● **功能特点**

建筑是人们工作、生活、休憩和娱乐等活动所使用的空间，因而不同功能的建筑会展现不同的使用特点。

如住宅是我们最常接触到的建筑类型（如[1]所示），其需要满足住宿、餐食、工作、娱乐、交流、卫生等功能需要，并有较多的私密性与个人情感的需求，因此住宅设计需要同时基于功能和感情色彩。

而公共建筑由于其为大多数人使用的特性，要满足多数使用者的需求。尤其在当下的公共建筑越发具有复合性和综合性的潮流下，不同类型的公共建筑相结合构成了大型的城市综合体，这种公共建筑面向的是更为多样的被服务人群和更为复杂的服务人员。以城市中最常见的商业办公综合体为例，其功能类型一般可以划分为百货、专卖、餐饮、娱乐、管理办公、仓储服务和交通等，各个功能区之间根据使用者和使用需求既要有所分隔又有所联系，种种要求构成了公共建筑中功能需求与使用的复杂性。

在公共建筑中，旅馆建筑的功能需求相对明确，内部功能服务区域基本可分为：住宿区（以住宿客房为主）、公共活动区（以接待、餐饮、娱乐、会议等为主）、后勤服务区（以办公管理、客房服务、维修、仓库、设备等为主）。旅馆建筑的功能关系图如[2]所示。

中小学校也是功能目的较为明确的一类公共建筑，可分为教学区（包括普通教室和绘图、音乐教室等专门教室）、办公区（包括教师办公室和行政办公室）、活动区（包括室外活动场地和公共活动室或讲学堂等）和辅助用房（包括食堂、医务室和器材室等）四大功能分区。学校建筑的功能关系图如[3]所示，总体来说，中小学校中各个功能分区的相互关系是既要有紧密的联系，但又需要空间来隔绝相互之间的干扰，所以在这个类型的建筑设计中，常常使用内庭院的方式组织建筑的空间布局。

● **功能与形态**

建筑的功能与形态是一组恒久不变的命题，优秀的建筑应该能在外部形态上就体现出建筑功能特点，甚至结构特征，体现出建筑的逻辑性。事实上，由于不同建筑类型的不同功能需求，如对房间面积、空间高度和采光照明的不同要求，在建筑形体上也会非常明确的反映出来。

如居住建筑平面较规整，立面开窗很有规律，造型常见塔楼式和板式，在住宅区内重复出现；办公建筑在外形上则多以大面积玻璃幕墙的高层建筑的形式出现；文化建筑如博物馆由于需要大面积的展厅，建筑一般由几个大体量的体块连接和穿插而成，立面形式庄重稳定；体育建筑在造型上更有特点，由于观众厅要求大面积无柱的空间，所以体育建筑的体量巨大，与其他公共建筑形象明显不同。

旅馆建筑中最为规整的是旅馆客房，由于其规律出现，因此旅馆客房部分在造型上体现出一定的规则性，如立面上有规则的开窗和阳台形式等；而旅馆建筑中餐饮和商业等其他功能空间，在外形上则更具商业气息。

学校建筑教学用房的形体受教室尺寸的限制，一般为板式建筑。学校建筑一般造型简洁，体块明确，建筑布局一般以走廊式、庭院型和单元型为主，建筑师应该在满足功能需求的前提下，创造更具多样性的空间组合形式，为学生创造出更加丰富多彩的校园空间。

[2] 资料来源：《建筑设计资料集》编委会. 建筑设计资料集4（2版）. 北京：中国建筑工业出版社，1994.
[3] 资料来源：《建筑设计资料集》编委会. 建筑设计资料集3（2版）. 北京：中国建筑工业出版社，1994.

① 住宅的功能分区

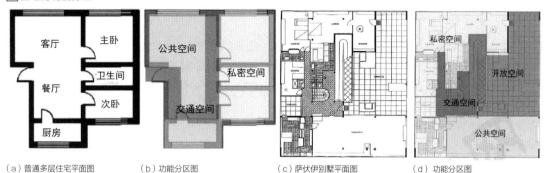

（a）普通多层住宅平面图　　（b）功能分区图　　（c）萨伏伊别墅平面图　　（d）功能分区图

② 旅馆建筑的功能分区

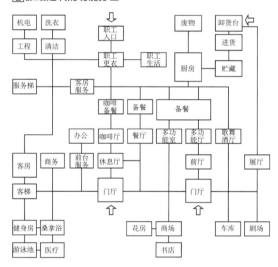

③ 学校建筑的功能分区

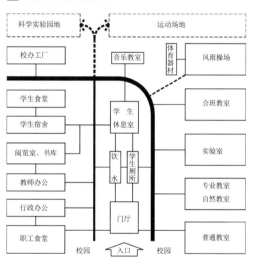

旅馆建筑中，住宿区是最私密的区域，要求安静和干净；餐饮、娱乐、会议等活动和接待是公共活动区域，希望与住宿区之间具有直接联系，方便住宿人群使用；后勤服务区需要为个人住宿及活动提供服务，相较于住宿区与公共活动区之间的联系，后勤服务区与前面二者的联系相对次要。

学校建筑的教学区和活动区是最主要的供学生使用的区域，教学区为相对安静的教学区域，活动区是为学生课余提供活动的区域，教学区与活动区之间一般相临，但要避免活动区域对安静教学区域的影响。教学区和办公区之间要便于到达，但同时又应该注意避免交通流线的相互交叉。

2.2.3 交通的组织——交通流线组织形式、出入口

山地建筑总平面的交通组织方式及路线受地形影响大，也是山地建筑设计中的难点。由于过大的山地的坡度会对机动车行驶造成不利影响，山地公路的最大纵坡应小于8%，并根据规范有长度的要求，坡度较大的山地需要将车行道进行折线布置。并且由于山地上平坦场地较为有限，建筑入口的广场和停车场布置也会受到很大限制。

⊙ **交通流线组织形式**

根据场地内建筑的分布情况和交通排布方式，可以将山地场地的交通流线组织形式分为网状式和集中式两种布局形式。

对于山地建筑而言，立体的交通组织方式是最为显著的交通特征。基地内车行与人行道路的设置需要与地形相结合，顺应山地等高线设置道路常常是最明智的选择，这样既可以避免坡度过陡，也可避免与等高线垂直形成生硬、难以过渡的边坡。

山地建筑的特点之一是可以利用其"不定基面"的特点和立体交通体系来进行交通流线分离。合理的竖向交通组织可以为使用者带来极大的便利，同时形成丰富的空间感受，塑造多层次建筑形态。在山地建筑设计中，建筑师尤其需要重视交通组织和建筑的有机结合，为建筑不同层次的使用者带来便利。如1所示，安藤忠雄设计的日本六甲山集合住宅顺应向上的山势，为不同高度层次的居住使用者创造与自然山体相连接的室外空间，纵向的大阶梯与多层次平台成为他设计的重要元素。

1）网状式分布

在场地面积充裕、环境风景秀丽的情况下，建筑师会希望营造能与自然相融合的空间环境，因此常会采用分散的布局模式。如2所示，新疆石油职工太湖疗养院位于无锡马山檀溪的驼南山上，东南面向太湖，风景优美，采用分散灵活的布局模式。这种分布方式的特点是分流效果好，有利于不同交通流线的分离和组织。

2）集中式分布

而当场地面积较为紧张时，场地的交通组织往往比较集中和紧凑。如3所示日本宫城县图书馆，由于场地限制，建筑主体只能横跨三个小山脊，机动车停放被集中限制在东侧山脚下有限的平坦用地上，非常集中，道路的使用效率也更高，但随之而来的是不同使用流线的重叠和交叉，这时需要建筑师对场地内各种性质的交通流线作出更细致的分析和安排。

⊙ **出入口**

1）场地出入口

场地的出入口设置需要根据人群进入场地的方位和规范的控制条件确定。人群进入场地的方位与城市道路的走向息息相关，根据场地所处城市的区位和场地周围的道路级别，可以确定场地主次出入口的位置。如第51页4所示，是一般总体设计中常见的场地出入口设置方式。

2）建筑出入口

建筑的各个出入口需要根据人员出入场地情况来确定，其与进入场地后使用者的行进方向有关，也与建筑内部的功能分区有关。如4所示，建筑的主入口一般应该醒目易达，方便使用者到达。根据建筑类型的不同，也可以对建筑入口做一些遮蔽和隐藏的设计手法，如5所示维特拉研究中心，与维特拉园区的其他建筑相比，这个由安藤忠雄设计的建筑显得隐匿低调，参观者需要沿着狭长的矮墙才可以进入建筑之中，在行走过程中感受到建筑与众不同的空间氛围。

13 图片来源：卢济威，王海松.山地建筑设计.北京：中国建筑工业出版社，2001.
2 图片来源：卢济威，顾如珍.从新疆石油职工太湖疗养院设计谈山地建筑与风景环境.时代建筑，1985（4）：7-11.
4 图片来源：3XN建筑师事务所.挪威莫尔德普拉森文化中心.城市建筑，2012（12）：110-117.
5 图片来源：http://blog.sina.com.cn/s/blog_4ef4c3280100b3ir.html.

1 日本六甲山住宅

2 网状式分布

由同济大学建筑设计研究院设计的新疆石油职工太湖疗养院位于风景秀丽的山林之中，建筑采用了分散的网状式布局，使整座建筑隐匿于山林中，最大限度减少了建筑对环境的影响。

3 日本宫城县图书馆

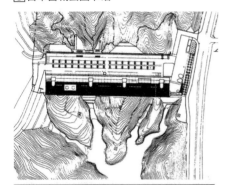

4 场地出入口与建筑出入口

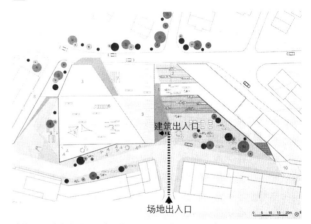

建筑出入口与场地出入口常见的相互关系，使用者进入场地以后可以直接看到建筑出入口，并通过一小段距离后到达。

5 维特拉研究中心

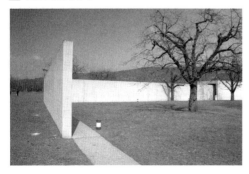

2.2.3 交通的组织——广场、停车场

⦿ 广场

由于山地建筑地形的特殊性，山地建筑中的广场常常和室外台阶相结合，极具特点。山地建筑所处环境是自然山体景观，在室外行走的人群，随着高度的不断变化可以享受到不断改变的场景，因此，山地建筑的室外场所往往成为使用者乐于逗留之处。如1所示西班牙广场，有缓有急的3段137级台阶，成为罗马城最具活力的生活场所之一。

1）山地建筑广场布置的特点

特殊的山地地形为场地内的广场设计增添了许多可能性，与室外台阶的结合是它最大的特点。建筑师利用各式各样的台阶与广场结合，创造出许多丰富多彩的广场空间：可以根据坡度的变化设置各种不同的台阶或踏步形式；也可以将踏步结合岩石、树木或跌水等自然景观结合，更好地与环境融合，使空间充满趣味。水平向的广场与垂直向的台阶结合，也为广场创造出新的使用功能，比如室外小剧场，可做小型活动和演出之用。

2）广场的类型和组织形式

一些重要的公共建筑前的广场常常也作为城市的市民广场面向城市开放，这一类广场往往需要比较大的面积和丰富的景观设计。西班牙广场就是位于罗马三一教堂之前，充满活力与生活。

3）广场与出入口的关系

建筑入口前需要一块可供人群疏散、活动和短暂停留的广场。根据出入口主次的不同以及服务对象的不同，入口广场的大小和布置方式也有一定区别。在建筑主入口处的广场是整个场地上最重要的景观节点，通常经过精心设计。

⦿ 停车场

1）停车场的组织形式

停车场在场地上的分布有集中式和分散式两种。集中式排布要求较大片的平整的场地，在场地面积充裕时可以使用，优点是分区明确流线清晰。在场地面积紧张时一般采用分散式排布的停车组织，如2所示，停车场可灵活分布在各个入口附近，可为使用者带来一定的便利，但又会对场地的交通带来一定的压力，人行通道和车行道路很容易发生交叉。

在山地建筑的设计中，往往由于规整平地的缺乏，导致停车场地面积不足，同时出于保持山脉风貌的考虑，过大面积的停车场也容易破坏山体的整体景观，因此在场地设计中，停车场以考虑分散布置为主。

2）停车场的位置

从使用者的角度出发，停车场的位置最好设置在靠近建筑出入口的位置，但是在山地建筑设计中，由于山地上地形的限制，停车场的位置更需要根据场地地形来排布。一种常见的方式是利用建筑物的架空层，或放大架空空间成平台，布置成停车场。如3所示，也可以让停车场随地形层层跌落并根据不同标高来设置多个进入停车场的道路。

1 图片来源：卢济威，王海松.山地建筑设计.北京：中国建筑工业出版社，2001.
2 资料来源：张伶伶，孟浩.场地设计（2版）.北京：中国建筑工业出版社，2011.
3 图片来源：卢济威，王海松.山地建筑设计.北京：中国建筑工业出版社，2001.

①西班牙广场

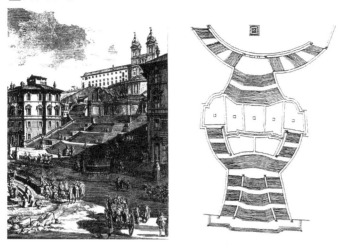

西班牙广场建于 1723 年，由意大利建筑师贝尼尼设计，曲线形的大台阶将不同标高、轴线不一的广场和街道有机地连接起来，形成和谐的整体。

②广场与停车场

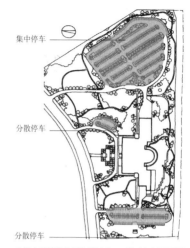

集中停车

分散停车

分散停车

在较大型建筑的场地设计中，对停车场的设置更加灵活，集中式和分散式同时存在，并且注重停车场与建筑出入口的结合。

③美国夕照山公园城市中心停车场组织

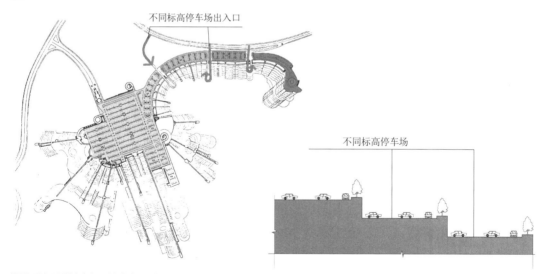

不同标高停车场出入口

不同标高停车场

美国夕照山公园城市中心设计方案中，停车场被设置在市镇中心广场和建筑的下方。

2.2.4 形态的把控——构思与形态、建筑布局与形态

⊙ **构思与形态**

从设计构思到生成建筑形态其实是一个从抽象到具体的过程，是将脑海中的建筑意象一步一步具象化，通过平面和三维空间表现出来的过程。实现抽象的思维到图像的转化，建筑师通常是通过构思草图来完成的，这是许多建筑师开始思考设计时的第一步。构思草图可以是十分抽象的，可以是潦草不清的涂鸦，甚至是可以是片段的关键词的组合，那些有关设计的思路，就是在这种描绘过程中渐渐清晰起来的。在草图的描绘中加入对场地的理解和分析、对建筑的功能划分和流线组织、对意向的思考和深化等与建筑和场地相关的要素之后，构思在脑中的形象也会逐渐丰满。如 ⊡ ⊡ 所示，建筑的形象在草图过程中一步步生成最初的形态雏形，随着设计过程的推进，这个雏形将经历不断地修改和完善，达到最终形态。

⊙ **建筑布局与形态**

1）建筑布局与山脉走势的关系

在山地建筑中，建筑与山脉走势的关系可分为两大类：平行等高线和垂直等高线。两种布局方式各具特色，营造出来的建筑空间效果也大有不同。

建筑平行等高线布置（如 ⊡ 所示），平行于等高线布置的建筑形体一般呈条状，沿山脉舒展，在同一标高上可以获得更多平面空间，减少建筑内部高差的变化。

建筑垂直等高线布置（如 ⊡ 所示），垂直于等高线布置的建筑一般体量比较集中，在建筑中高度变化明显，采用这种布置方式的建筑很多时候呈阶梯状沿山脉层层跌落。

如 ⊡ 所示，这两种建筑的布局方式同时出现在同一组建筑中，建筑师需要在设计中根据使用功能与地形特点综合把控建筑形态走向。

2）图底关系

在总平面的设计中，除了满足功能和流线的要求之外，建筑的排布与场地之间有一个更加宽泛的大关系，那就是图底关系。总平面的图底关系的构成与建筑功能、交通流线和场地出入口安排等有直接联系，最终总平面的排布方式就是由这些十分具体和细致的分析决定的，但是反映在总平面的二维图像上时，撇开这些对功能的具体推敲，也可以看出建筑与场地图底关系的某种规律和在美学层面上比例和形式的思考。

总平面中的图底关系根据场地的限制一般可分为线条式、穿插式、点状式、中心式和综合式（如 ⊡ 所示）。

（1）线条式。康奈尔大学本科生宿舍总平面是很典型的线条式布局，这种布局方式是为了让房间获得更好的自然采光和日照，延展的条形建筑也可以使使用者拥有良好的视野，在基地面积宽裕的情况下，这是居住建筑经常采用的总平面布局形式。

（2）穿插式。日本横滨桐荫学院女子部总平面既是线条式也是穿插式的，这种图底布局方式在学校建筑中是很常见的，由于教室的面积和长宽比的要求，决定了教学楼常常是长条形的板式体量，通过几座教学楼的穿插和连接为学生留出了一定的室外活动场地。

（3）点状式。日本爱知县某纪念馆是一个典型的点状式布局。在文化建筑如展览馆和博物馆中，一般要求有完整的展览空间，同时要求建筑外形是稳定和庄重的，所以在总平面中体现出的图底关系往往是点状式布局。

（4）中心式。政府办公大楼或其他比较重要的办公建筑的总平面布局往往有明显的轴线和强烈的对称性，在图底关系图上体现为中心式布局。中国工商银行总行的办公楼以"天圆地方"为构思，总体构图呈现出中心对称的稳定感，这种布局形式经常出现在大型博物与纪念建筑的总体设计中。

1 概念生成

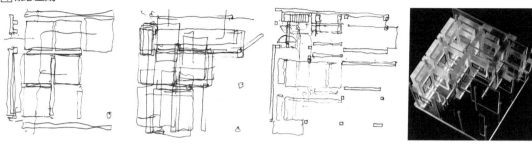

从设计草图以及效果模型的对比中可以看到建筑形态、形体变化在最初的设计中已逐渐显露出来。

2 荷兰新大都国家科学技术中心概念生成

从设计草图可以看出建筑师意图让建筑的造型如同一艘即将出海的巨轮,充满动感的力量。

3 建筑平行等高线布局　　4 建筑垂直等高线布局　　5 平行与垂直结合布局

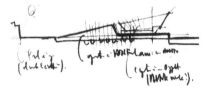

6 不同类型的图底关系

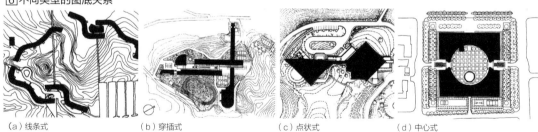

（a）线条式　　　　（b）穿插式　　　　（c）点状式　　　　（d）中心式

1 图片来源: 大师系列丛书编辑部. 彼得·卒姆托. 武汉: 华中科技大学出版社, 2007.

2 图片来源: 鲍家声. 建筑设计教程. 北京: 中国建筑工业出版社, 2009.

3 图片来源: 张伶伶, 孟浩. 场地设计（2版）. 北京: 中国建筑工业出版社, 2011.

4 图片来源: 卢济威, 王海松. 山地建筑设计. 北京: 中国建筑工业出版社, 2001.

5 图片来源: 张伶伶, 孟浩. 场地设计（2版）. 北京: 中国建筑工业出版社, 2011.

6 图片来源: 张伶伶, 孟浩. 场地设计（2版）. 北京: 中国建筑工业出版社, 2011; 卢济威, 王海松. 山地建筑设计. 北京: 中国建筑工业出版社,
　2001.

2.2.4 形态的把控——建筑体量关系

● 建筑体量关系

1）建筑与山脉的形体关系

建筑的形体与山脉的关系是山地建筑设计中特别需要注意的问题。过大的建筑体量会破坏山脉的自然景观，而适宜的建筑形体则能够很好地融入山地自然环境之中。在中国传统山地建筑的营造法式中，提倡"小、散、隐"的布局方式，力求在体量上不破坏山地环境，这种处理方式到现在仍旧被许多建筑师认同。在处理山地建筑的形体关系时，需要注意其与山脉地形和山体轮廓的相互关系，使建筑与山体保持相对平衡的视觉关系。如1所示，当山地建筑位于山顶、山脊或山冈时，就必须协调建筑形体和山地的天际线，处理方式的大原则是保持建筑轮廓与山体轮廓的趋势一致。

2）建筑形态与视野

建筑形态除了要考虑充分向景观面打开以外，由于山地标高的变化，建筑形体除了要推敲立面上的比例关系，还应注意从高处俯视建筑时建筑形体的协调性。这时建筑的屋顶成了人视野所及的第五立面，屋顶的形式和相邻体量屋顶的交接形式就显得尤为重要。

在山地建筑中，坡屋顶是一种常见的屋顶形式，用以让建筑与山体达到更好的融合，日本的美秀美术馆和中国的武夷山庄都采用了相对传统的双坡屋顶，美秀美术馆的屋顶采用了玻璃材质，通过玻璃上对山体的投影而使建筑更加融入周围环境中。如2所示，坡顶可以有多种形式，除了单坡、双坡顶之外也可以根据地形设计不规则的坡面与山地呼应。山地建筑时常面对使用者从山下或下方的视觉考验，因此建筑面对仰望时的建筑形态也非常重要，建筑的架空和悬挑空间的底面也需要经过艺术与技术的处理，给使用者带来良好视觉感受。

不同建筑形态可以得到不同的视野感受。处于山地自然环境中的在山地建筑，往往拥有优美的自然景观，其得天独厚的自然条件是城市中建筑无法比拟的，因此，建筑师往往希望建筑尽可能地向景观面打开，从而能够获得良好的景观视野。3展示了建筑师为了获得优良视野的不同设计手法。

1 资料来源：卢济威，王海松.山地建筑设计.北京：中国建筑工业出版社，2001.

1 建筑形态与山体的关系

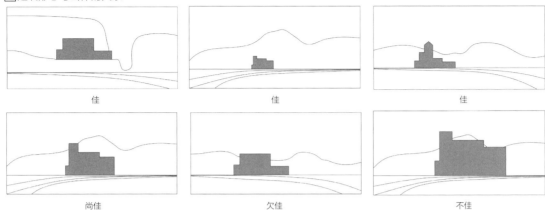

佳 佳 佳

尚佳 欠佳 不佳

2 山地建筑中不同类型的坡屋顶

（a）双坡屋顶 （b）单坡屋顶 （c）错动双坡屋顶 （d）结合地形形成多坡屋顶

3 山地旅馆与周边视野

（a）建筑屋顶形成台地景观 （b）建筑朝向大海获得良好视野

（c）通过借景将环境引入室内 （d）建筑与坡地结合获得俯瞰视野

2.2.5 景观的协调

⊙ **景观的功能**

室外的空间环境是对室内空间环境的一种有效补充。从山地建筑与环境协调以及人对自然环境需求的角度出发，需要在设计中重视景观空间的重要性。树木和绿草可以带来轻松愉悦的感受，从而吸引人们进入和停留，可以起到舒缓精神的作用。同时，树木可以作为分隔空间划分场地的工具，隔绝噪声和不良视野，为在室内的使用者提供一片绿色、舒服的视野；经过精心设计的景观可以对场地内的人流起到引导作用；由绿化所组成的景观还可以调节和优化建筑周围的小环境气候，夏日遮蔽烈日，冬季遮挡寒风，场地中的水景也可以增加场地的湿度。总之，场地中的景观是设计中不可或缺的要素，可起到提升建筑品质的关键作用。

⊙ **景观的类型**

景观的存在形式是多种多样的，除了植物之外还包括了水景、雕塑和小品、道路等。如 **1** 所示，景观设计中包含各种景观要素的灵活运用，以此创造出丰富多彩、引人入胜的室外空间。

⊙ **山地建筑景观的特点**

在山地建筑中，需要该重视环境原生性，山体原有的植被就是最美的景观，应尽量予以保留。尊重原有山体的生态平衡，可避免山体滑坡等自然灾害，还能够让建筑的使用者更加亲近大自然，更能体验到山体的地域性特色。除了保留原有植被和景观之外，适当在场地内加入人工绿化和景观来丰富室外活动场所，让空间更加多样化。总体说来，山地建筑的景观设计需要顺应地势地貌，突出山地原有特点，与植被和坡地肌理相协调，成为自然山地景观的延续。

建筑师彼得·卒姆托设计的瓦尔斯浴场就是一个顺应山地原有自然景观的例子。建筑师试图让这座新建筑成为周围景观的一部分，如同一块覆盖着绿草的巨石一般。整座建筑置于半地下，屋顶上覆盖着草皮，与山体浑然一体，更像是自然地质层的有机延伸，而不是一座新建的建筑。瓦尔斯浴场建立在当地开采过石头的原址上，这种石头也成为设计的灵感来源，用石头建造的浴场为设计带来了厚重感，也使整座浴场湮没在山脉中。

1 图片来源: 丁三 . 建筑景观细部创意 . 北京: 机械工业出版社, 2008.

1 不同的景观类型

（a）弧形的花池

（b）景观台阶

（c）景观步道

（d）景观水池

（e）景观石头

（f）景观雕塑

（g）渐变的铺地

（h）水景

（i）精心设计的围栏

（j）富于变化的草地

（k）座椅和路灯的结合

案例 建筑总体构思与方案设计

总平面图

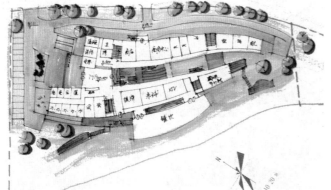

总体布局构思草图

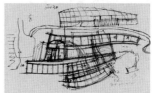

空间形态构思草图

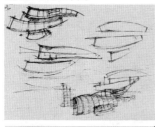

形式理念意向

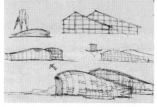
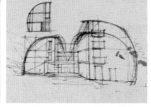

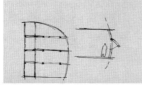

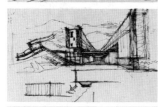
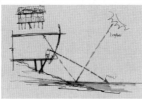

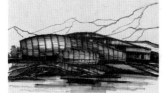

设 计 者：付晓光
建筑功能：山地酒店

  这是同济大学 2012 年山地旅馆设计中一名学生的构思草图。构思的出发点是中国传统山地民居建筑和竹子。

  建筑形体的生成受竹子圆润的形体的影响。从手绘概念草图到一草平面，在这个过程中可以清晰地看到该学生的构思和理念。

  建筑立面与建筑平面关系密切，同样的概念在建筑立面的设计上也有所体现，并且更加直观。彩色的手绘透视图则更为全面地表达了设计者的想法。

  这一套设计草图还包含了一些细节如建筑剖面形式的构想和剖面的视野分析。

  总体来说，这份构思草图立意明确、表达清晰，易于理解，很好地展现了设计者的思路。

案例　建筑总体构思与方案设计

总体布局与环境的关系　　　　　　　　　总体布局构思草图

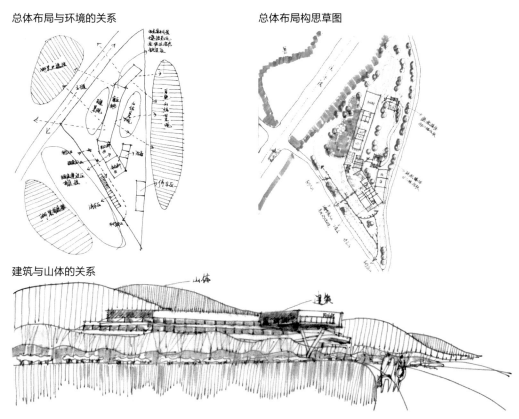

建筑与山体的关系

建筑总平面图

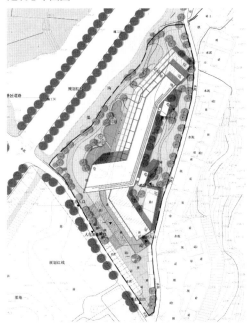

设 计 者：符岳林
建筑功能：山地酒店

　　如果说前一方案草图更多的是设计构思的生成，是感性的思维过程，那么本方案设计草图则展示了如何通过理性的分析来得到合理的总体设计。

　　在地块景观和功能分布分析图中，设计者列出了场地的所有景观条件和建筑所需的各项功能区域，分析了两者的相互关系，并对功能分区和流线进行了整理。

　　同时，利用建筑与山体的关系分析图，设计者对建筑的形体进行了推敲，力图使建筑形体更好地融入山体之中，避免对环境造成视觉上的破坏。

2.3 平面设计

2.3.1 功能组织——功能分区

对建筑功能的认识与分析可以说是设计起步阶段最为重要的内容，在维特鲁维的《建筑十书》中，"实用"位于建筑三要素之首，就是说明建筑实际使用功能的重要性。因此，无论在设计实践还是课程设计中，对建筑功能的认识、功能组织的合理性以及功能的分区组织等概念会贯穿设计的始终。功能气泡图是大多数建筑系学生最早学会绘制的平面功能分析图的类型之一，深入了解并合理安排组织建筑的功能是对建筑最基本使用需求的一种尊重，也是一座建筑建成后可以良好使用的基础。

◉ **功能分区**

这里所说的功能分区概念是指将建筑空间按不同的使用功能要求进行分类，并根据它们之间关联性加以组织与划分。尽管不同建筑类型的功能分区划分各不相同，但总体上，其遵守的基本原则是分区明确，按照主次、内外、动静、洁污等关系合理安排各不同功能区，并根据实际的使用要求、人流的活动顺序关系合理安排。

1）主次分区

从空间的重要性来讲，可以将建筑按主要与次要空间来划分。这里的"主"是指建筑主要的使用功能空间，可以是主要工作性房间与公共性厅堂。

次要空间也称辅助空间，是为保证主要使用功能而配备的辅助功能房间及设备用房。一般建筑物都共有的公共服务房间，如卫生间、盥洗室、管理间、贮藏室等，此外，还包括一些内部工作人员使用的房间，如办公室、库房、工作人员卫生间，以及锅炉房、空调机房、水泵房、变配电间和消防控制室等设备用房。

一般来说，主要空间设置在基地较为优越的地段，确保良好的朝向、景观、采光、通风条件；次要空间从属于前者。需要指出的是，主次功能的区分是一个相对的概念，需要在功能组织时作出细致的考虑（如 1 所示）。

2）内外分区

根据使用空间的公共性与私密性程度，可以将建筑内部的功能性质分为内向型功能和外向型功能。外向型功能具有一定的开放性，其需要与建筑的主要出入口、广场甚至基地周边的道路建立良好的交通关系，内向型功能则基本为建筑内部即可完成的使用功能，因此其与主入口及基地道路、广场的关系无外向型功能紧密，但内向型功能间的联系需要加强（如 2 3 所示）。

3）动静分区

在很多建筑类型中都有相对需要安静的区域和比较嘈杂的活动区，在进行功能组织时要将这两个部分相对分隔开来，使相互之前不受干扰（如 4 5 6 所示）。

4）洁污分区

公共建筑中，一部分用房在使用过程中会产生气味、烟尘、污物和垃圾，平面设计时需要这部分空间与建筑的其他空间区分开来，以保证主要使用区域的干净和整洁。在旅馆建筑中，旅馆餐厅要为用餐者提供一个舒适干净的用餐场所，就应使用餐的餐厅与厨房相对分离，这既是出于对用餐环境卫生干净的要求，也可以避免影响用餐者用餐的心情。所以餐厅的厨房基本上都要设立单独的出入口，与用餐者入口区分开，避免流线和视线的交叉。

1 图片来源：彭一刚．建筑空间组合论（2版）．北京：中国建筑工业出版社，1998.
2 图片来源：《建筑设计资料集》编委会．建筑设计资料集4（2版）．北京：中国建筑工业出版社，1994.
5 图片来源：（德）马克·杜德克．学校与幼儿园建筑设计手册．贾秀海，时秀梅，泽．武汉：华中科技大学出版社，2008.

1 主次空间和流线分析图

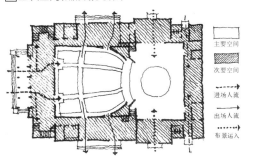

某影院建筑的主要空间为观众厅，其他空间如门厅、休息厅和售票房等皆为为主体空间服务的次要空间，次要空间围绕着主体空间排布。

2 曲阜阙里宾舍平面图

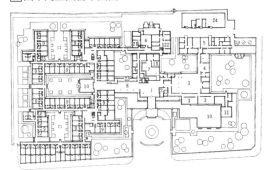

3 内外空间分析图

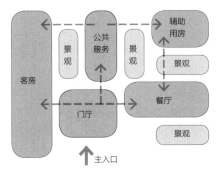

曲阜阙里宾舍的门厅、餐厅、酒吧和俱乐部等公共活动空间与室外空间联系密切，可以直接到达，而客房空间不与场地外部空间直接相连，而是通过室内的门厅才能到达。

4 旅馆的动静分区分析图

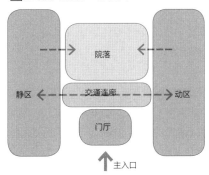

如在旅馆建筑中，旅馆的客房区需要相对安静的环境为旅客提供休息的场所，这些区域应与门厅或公共活动室等人群聚集的场所保持一定距离，达到阻隔噪声、减少人流干扰的要求。山东曲阜阙里宾舍的客房空间与公共空间分别位于建筑的两侧，不同的内院将客房和公共空间有效地分隔开来，达到较好的动静分区效果。

5 芬兰库帕纳密中心学校底层平面图

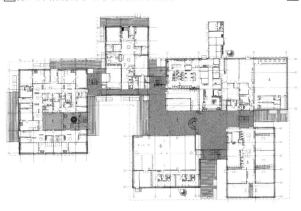

6 学校的动静分区分析图

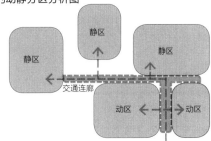

位于芬兰的库帕纳密中心学校，不同功能分布于不同的建筑体量内，通过狭长的中心广场连接，音乐厅和体育馆等会产生噪声干扰的功能位于同一侧，与教室和办公室等安静的功能分隔开，以保证各自良好的声音环境。

2.3.1 功能组织——交通组织

◉ 交通组织

交通空间是为联系各个房间及供人流、货流来往联系交通设置的空间，包括门厅、大堂、走廊及楼梯间、电梯间等。

1）交通流线的类型

（1）公共人流交通流线。即建筑物主要使用者的交通流线。在公共人流交通中，不同使用对象的行走路线构成不同的流线，在设计中都要分别组织，相互分开，避免彼此的干扰是建筑平面设计中需要解决的重要问题（如 $\boxed{1}$ 所示）。

（2）内部工作人员流线。即内部管理与工作人员的服务与交通流线，一般在保证与主要公共人流流线的分离。

（3）辅助供应交通流线。如食堂中的厨房工作人员服务流线及食物供应线，车站中行包流线，医院建筑中食品、器械、药物等服务供应流线，商业建筑中货物运送线，图书馆中书籍的运送线等。旅馆的货运供应包括厨房的供给和备品库的供给，需要注意控制卸货口与厨房和库房的距离。在小型旅馆建筑中，为节约用地与建筑面积，货运供应流线与内部工作人员的流线往往会有一定的重合，在平面设计中需要区别对待。

2）交通组织方式

（1）水平方向交通组织。在中小型建筑中，人流活动比较简单，主要采用水平方向交通组织。在平面布置时需要注意将主要的使用功能布置在清晰醒目的位置，根据使用者在空间内的活动方式合理布置，将相互关系联系紧密的功能临近放置，以缩短流线长度。辅助使用功能一般布置于平面的边角处，以保证主要使用功能空间的完整性。水平分区的流线组织横向联系方便，可有效地避免大量人流的上下穿行。如在车站建筑中，将旅客进站流线和出站流线分开布置在两边；在商店中将顾客流线和货物流线分别布置于前部和后部；在展览建筑中，将参观流线和展品流线以前后或左右分开布置，等等。

（2）垂直方向交通组织：建筑的竖向分区也是一种更简单和直观的空间分区方法，可以利用竖向交通体将使用人群迅速分流到不同楼层。垂直方向的交通组织分工明确，能够简化平面设计中遇到的问题，对较大型的建筑更为适合。一般讲，总是将人流量多、荷载大的部分布置在下层，而将人流量少、荷载小的置于上部（如 $\boxed{2}$ 所示）。

（3）水平和垂直相结合的交通组织。对现代建筑来说，常采用水平和垂直相结合的流线组织方式。如 $\boxed{3}$ 所示，通常平行楼层采用水平方向交通组织，楼层间采用垂直交通进行联系，从而形成水平和垂直相结合的交通方式组织。

3）交通疏散要求

交通空间的本质是用于联系空间的使用，在紧急情况下交通空间是疏散人群的通道，所以交通空间的通畅性是一个重要的考量标准，竖向交通疏散尤其重要。《建筑设计防火规范》中规定房间到最近的楼梯间的最大距离如 $\boxed{4}$ 所示。

$\boxed{1}$ 资料来源：郝树人. 现代饭店规划与建筑设计. 大连：东北财经大学出版社，2004.

$\boxed{2}$ 图片来源：《建筑设计资料集》编委会. 建筑设计资料集 4（2 版）. 北京：中国建筑工业出版社，1994.

$\boxed{4}$ 图片来源：张忠饶、李志民. 中小学建筑设计（2 版）. 北京：中国建筑工业出版社，2009.

1 旅馆的交通流线组织

（a）住宿旅客流线　　　　　　　　　　（b）就餐旅客流线　　　　　　　　　　（c）服务人员流线

贝聿铭设计的北京香山饭店，其旅客住宿流线、餐厅用餐流线与内部人员流线在门厅交会，相互之间又互不交叉，门厅、走廊、庭院起到了良好的分离作用。

2 旅馆的竖向流线组织　　　　　　　　3 水平与竖向交通流线组织

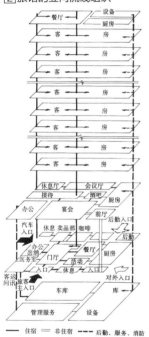

—— 住宿　　非住宿　----后勤、服务、消防

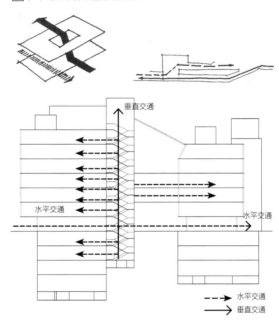

4 《建筑设计防火规范》（GBGB50016—2014）2018 版 公共建筑的安全疏散距离相关规定

5.5.17　公共建筑的安全疏散距离应符合下列规定：

　　1.直通疏散走道的房间疏散门至最近安全出口的直线距离不应大于表 5.5.17 的规定。

表 5.5.17　直通疏散走道的房间疏散门至最近安全出口的直线距离（m）

名　　称			位于两个安全出口之间的疏散门			位于袋形走道两侧或尽端的疏散门		
			一、二级	三级	四级	一、二级	三级	四级
托儿所、幼儿园 老年人照料设施建筑			25	20	15	20	15	10
歌舞娱乐放映游艺场所			25	20	15	9	—	—
医疗 建筑	单、多层		35	30	25	20	15	10
	高层	病房部分	24	—	—	12	—	—
		其他部分	30	—	—	15	—	—
教学 建筑	单、多层		35	30	25	22	20	10
	高层		30	—	—	15	—	—
高层旅馆、展览建筑			30	—	—	15	—	—
其他 建筑	单、多层		40	35	25	22	20	15
	高层		40	—	—	20	—	—

注：1 建筑内向开向敞开式外廊的房间疏散门至最近安全出口的直线距离可按本表的规定增加 5m。

　　2 直通疏散走道的房间疏散门至最近敞开楼梯间的直线距离，当房间位于两个楼梯间之间时，应按本表的规定减少 5m；当房间位于袋形走道两侧或尽端时，应按本表的规定减少 2m。

　　3 建筑物内全部设置自动喷水灭火系统时，其安全疏散距离可按本表的规定增加 25%。

2.3.2 平面布局形式——并联式、串联式、集中式、辐射式

设计中，需要根据场地的具体用地情况、建筑周边的自然环境条件以及人文历史传统等条件，综合探讨建筑的空间布局模式。建筑平面布局中采用以下七种常见的平面布局形式。

● 并联式布局形式

并联式空间布局是指具有相同功能性质和结构特征的空间单元，以重复的方式并联在一起所形成的空间组合方式。这种组合方式简便、快捷，适用于功能相对单纯的建筑空间，如教室、宿舍、医院病房、旅馆客房、住宅单元、幼儿园等，这类空间的基本形态是近似的，互相之间没有明确的主从关系，根据不同的使用要求相互联通。如 1 所示为常见的南方地区学校教学楼的平面布置，是常见的并联式空间组合方式。

● 串联式布局形式

各单元空间由于功能或形式等方面的要求，先后次序明确，相互串联形成一个空间序列，呈线性排列，故此和组合方式也称为"序列组合"或"线性组合"。这些空间可以逐个直接连接，也可以由一条联系纽带将各个分支连接起来。前者适用于那些人们必须依次通过各部分空间的建筑，其组合形式必然形成序列。如展览馆、纪念馆、陈列馆等（如 2 所示）；后者适用于分支较多，分支内部又较复杂的建筑空间，如综合医院、大型火车站、航空港等。北京故宫建筑群为了创造威严的气氛，设计了结构完整、高潮迭起的空间序列，也属于此种布局方式（如 3 所示）。

在串联式的空间布局序列中，功能或象征方面具有重要意义的空间，往往通过改变空间大小、形状等手法加以突出，并通过其所处的位置加以强调，如位于序列的首末、偏离线性组合或位于变化的转折处等，如 4 所示。并联式和串联式空间布局形式能够配合各种场地情况，线型可直可曲，可以转折，具有很强的适应性。

● 集中式布局形式

集中式布局通常是一种稳定的向心式构图形式，它由一定数量的次要空间围绕一个大的占主导地位的中心空间构成。处于中心主导空间一般为相对规则的形状，应有足够大的空间体量以便使次要空间能够集结在其周围；次要空间的功能、体量可以完全相同，也可以不同，以适应功能和环境的需要。如 5 所示，集中式组合本身没有明确的方向性，其入口及引导部分多设于某个次要空间，这种空间组合方式适用于体育馆、歌剧院、高层旅馆等以大空间为主的建筑。

● 辐射式布局形式

辐射式空间布局形式兼有集中式和串联式的空间特征。由一个中心空间和若干呈辐射状扩展的串联空间组合而成，辐射式组合空间通过现行的分支向外伸展，与周围环境紧密结合。这些辐射状分支空间的功能、形态、结构可以相同，也可不同，长度可长可短，以适应不同的基地环境变化。这种空间组合方式常用于山地旅馆、大型办公群体等。如 6 所示的美国夕照山公园建筑群体，结合地形特点，采用了较为典型的辐射式布局形式。另外，设计中常用的"风车式"组合也属于辐射式的一种变体。

1 资料来源：张忠饶，李志民.中小学建筑设计（2版）.北京：中国建筑工业出版社，2009.
2 资料来源：张锦秋.物华天宝之馆.北京：中国建筑工业出版社，2008.
3 资料来源：侯幼彬，李婉贞.中国古代建筑历史图说.北京：中国建筑工业出版社，2002.
4 资料来源：《建筑设计资料集》编委会.建筑设计资料集4（2版）.北京：中国建筑工业出版社，1994.
5 资料来源：郝树人.现代饭店规划与建筑设计.大连：东北财经大学出版社，2004；中国建筑设计研究院.织梦筑鸟巢：国家体育场（设计篇）.北京：中国建筑工业出版社，2009.
6 资料来源：卢济威，王海松.山地建筑设计.北京：中国建筑工业出版社，2001.

1 并联式空间组合

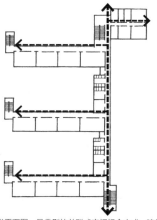

某中学平面图，是典型的并联式空间组合方式，流线清晰，朝向良好，互相之间声音干扰较少。

2 串联式空间组合

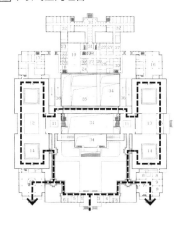

陕西省博物馆平面图，相邻的大空间通过串联的方式形成了一条完整的空间序列和参观流线。

3 北京故宫总平面图

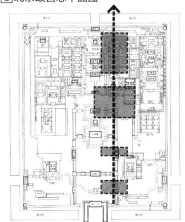

北京故宫建筑群为了创造威严的气氛，设计了结构完整、高潮迭起的空间序列。

4 上海鲁迅陈列馆平面图

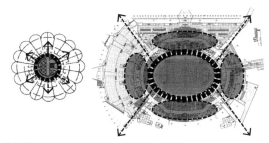

通过改变空间大小、形状等手法突出串联流线空间中的重要节点，如门厅、几个功能空间的衔接节点等。

5 集中式空间组合

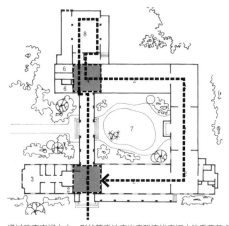

集中式空间组合方式在大空间为主的建筑中十分常见。

6 辐射式空间组合

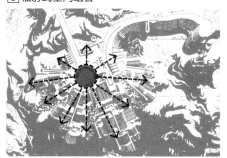

夕照山公园建筑群方案的建筑形体沿山体跌落，同时呈现明显的辐射状，使建筑形体极具特点。

2.3.2 平面布局形式——单元式、网格式、轴线对位

◉ 单元式布局形式

将空间划分若干个单元,用交通空间将各个单元联系在一起,形成具有重复组合特性的单元式空间布局形式。单元内部功能相近或联系紧密,单元之间关系松散,具有共同的或相近的形态特征。实践中常用的庭院式建筑即属于这种组合方式。单元之间的组合方式或可以采用某种几何概念,如对称或交错等,这种组合方式常用于度假村、疗养院、幼儿园、医院、文化馆、图书馆等建筑。[1]所示为印度新德里国立免疫学研究所专家住宅,其采用单元式布局模式,每个单元内部形成有特点的内向型空间,不同单体形体类似但体量不同,单体间通过走道连接。

◉ 网格式布局形式

网格式布局形式是将建筑以二维或三维网格作为模数单元来进行空间布局组织。在建筑设计中,这种网格一般是通过结构体系的梁柱来建立的,由于网格具有重复的空间模数的特性,因而可以增加、削减或层叠,而网格的同一性保持不变。[2]所示,比希尔中心以正方形为网格,每个网格为一个办公单元,并根据功能需求将部分相邻单元打通或作出一些调整。按照这种方式组合的空间具有规则性和连续性的特点,而且结构标准化,构件种类少,受力均匀,建筑空间的轮廓规整而又富于变化。

◉ 轴线对位布局形式

轴线对位布局形式由轴线对空间进行引导,并通过轴线关系将各个空间有效地组织起来。轴线对位组合形式虽然不一定有明确的几何形式,但一切均由轴线控制,空间关系清晰有序。一个建筑中的轴线可以有一条或多条,多条轴线之间有主次之分,层次分明。轴线可以起到引导行为的作用,使空间序列更有秩序,在空间视觉效果上也呈现出连续的景观线,有时轴线还往往被赋予某种文化内涵,使空间的艺术性得以增强。[3]所示,贝聿铭在设计美国国家美术馆东馆时采用了轴线对位的布局形式,通过轴线的对位关系,将新建的东馆与老馆有效的组织起来,形成完整统一的空间序列。

在山地建筑中,建筑的平面布局受地形限制,体现出一些与平地建筑不同的特点。最显著的特点在于山地建筑在平面层次上高差的变化,同层平面标高并不一致。因此,山地建筑的平面一般较为灵活,依山势而变化,可综合采用多种不同的布局方式进行平面设计。

山地旅馆建筑根据所处地区的不同,多种布局模式形式都可以采用。这是因为旅馆建筑主要使用空间,也就是客房,面积不大且具有单元重复性,所以多种平面布置方式都适用。山地旅馆设计中,在场地条件允许的前提下,应该尽量使用分散式布局打开建筑的景观面,同时让建筑能更好地与山地的地势地貌相融合以最大限度地发挥山地景观的优势,为旅客带来放松和愉悦的心理感受(如[4]所示)。

学校建筑的平面功能分区需要清晰明确,交通联系方便和有利于疏散。另外,学校需要为学生们提供室外活动与运动场地,校园内的教学楼常常是围绕或半围绕着操场或其他室外活动场地布置,根据学校规模可以将所有功能集中在一栋建筑内,也可以分散成多栋教学楼并呈组团布置。一般来说,建筑楼可以呈线形或折线形围绕室外场地布置,规模较大、用地宽裕的校园更适合采用分散式布局,将教室分为不同的功能组团,用走廊连接(如[5]所示)。

[1] 资料来源:卢济威,王海松.山地建筑设计.北京:中国建筑工业出版社,2001.
[2] 资料来源:赫曼·赫兹伯格.建筑学教程2:空间与建筑师.刘大馨,古红缨,译.天津:天津大学出版社,2003.
[3] 资料来源:彭一刚.建筑空间组合论(2版).北京:中国建筑工业出版社,1998.
[4] 图片来源:卢济威,王海松.山地建筑设计.北京:中国建筑工业出版社,2001.
[5] 图片来源:卢济威,王海松.山地建筑设计.北京:中国建筑工业出版社,2001.

1 单元式空间组合

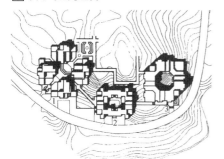

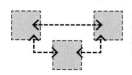

印度新德里国立免疫学研究所专家住宅采用单元式布局模式，不同单体的形体类似而不尽相同，单体之间通过走道连接。

2 网格式空间组合

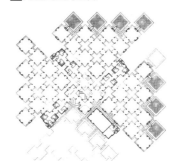

比希尔中心以正方形为网格，每个网格为一个办公单元，根据需要将部分相邻单元打通或作出一些调整。

3 轴线对位式空间组合

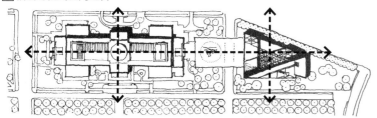

美国国家美术馆东馆采用了轴线对位的布局形式，通过轴线的对位关系，将新建的东馆与老馆有效的组织起来，形成完整统一的空间序列。

4 山地旅馆平面

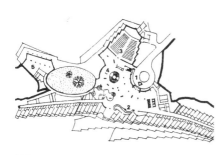

在山地旅馆设计中，应尽量采用分散式布局打开建筑的景观面，同时让建筑能更好地与山地的地势地貌相融合，以最大限度地发挥山地景观的优势。

5 山地学校平面

采用分散布局的山地学校能使建筑更加顺应地势高低，易于获得丰富多彩的室外空间效果，建筑与自然环境能够更好地融合。

（a）日本横滨桐荫学园女生部　　　　（b）交通银行无锡会议培训中心

2.3.3 空间组织方法

建筑的空间组织很大程度上决定了使用者在建筑中的空间感受，建筑空间有多种组织方法，任何设计都需要依据建筑的功能要求和基地条件来确定恰当合理的建筑空间组织形式。

◉ 空间的大小

文化类建筑，特别是博物馆和纪念馆建筑，建筑师常常通过连接体积面积悬殊的体量，使参观者得到某种戏剧性的空间感受，例如从狭窄阴暗的廊道突然进入光线充沛的大厅。

对于旅馆、学校和办公建筑来说，多数功能房间的空间大小是类似的。在这类建筑中的空间体验比较有规律性，设计中需要适当打破规律性空间所带给人乏味、枯燥的感受，有节奏地进行空间变化，形成具有韵律感的空间节奏。

◉ 空间的比例与形状

不同的空间形状与长宽高比例会给空间的参与者带来截然不同的心理感受。建筑师在进行建筑空间的塑造时，需要使空间形态符合使用功能，更需要考虑空间为使用者带来的心理影响，这是对建筑师设计能力的考量。

最常见的建筑空间是以矩形为平面的长方体，可以适应各种不同的功能，是一种能与结构契合的经济实用的平面形状。建筑师可以通过调节长宽高的比例来营造不同的空间氛围。窄而高的空间例如中世纪的教堂，强烈的竖向性可以引发人产生一种兴奋和崇高的情绪（如 [1] 所示）；而细长的空间则有强烈的导向性，用深远的空间感激发探索的欲望。如圆形的空间就有着强烈的向心和聚拢感图（如 [2] 所示），而不规则形状的空间可能会带来某种模糊和不确定感。

◉ 空间的联系方法

最常见的空间联系方法是通过交通联系走道来完成的。这种联系方式保证了各个空间既能独立使用互不干扰，又可以相互联系，平面布局简单，结构简单经济，同时各个房间采光通风状况良好。学校、旅馆、办公和医院等类型建筑经常采用这种空间联系方式，在设计中需要处理不同的交通空间节点来增加建筑的趣味性与可识别性（如 [3] 所示）。

不同空间之间也常常通过广厅来联系。广厅就是一个人群集散和分流的交通枢纽，并由其来联系其他的使用空间。一般由一定数量的从属空间围绕着一个中心大空间组成，空间比较有向心性和凝聚力。多个广厅可形成有主有次的空间联系（如 [4] 所示）。

以上两种联系方法都是水平空间的联系方式，也可以通过中庭进行竖向空间的联系，使用空间围绕中庭布置（如 [5] 所示），也会为整个建筑带来截然不同的空间感受。

◉ 空间的序列变化

不同空间和不同的空间联系方式可以营造出截然不同的空间序列，以此形成建筑师所期望的空间效果。空间的序列可以通过对比、重复和衔接过渡等手法形成建筑的韵律和节奏。使用者按空间序列从建筑的入口开始，经过一系列主要空间和次要空间，再最终从出口离开，这个过程为使用者提供了完整有序的空间感受（如 [6] 所示）。

[1] 图片来源：陈文捷. 世界建筑艺术史. 长沙：湖南美术出版社，2004.
[2] 图片来源：陈文捷. 世界建筑艺术史. 长沙：湖南美术出版社，2004.
[3] 资料来源：《建筑设计资料集》编委会. 建筑设计资料集3（2版）. 北京：中国建筑工业出版社，1994.
[4] 图片来源：《建筑设计资料集》编委会. 建筑设计资料集4（2版）. 北京：中国建筑工业出版社，1994.
[6] 图片来源：《建筑设计资料集》编委会. 建筑设计资料集4（2版）. 北京：中国建筑工业出版社，1994.

1 哥特式教堂

2 万神庙

高耸的哥特式建筑以其神秘的光影和窄长的室内空间给人以无限的对神的向往。

罗马万神庙以穹隆封盖，是单一空间、集中式构图的建筑物的代表。穹隆在当时的观念中，象征了天宇。建筑内部向心性很强，穹顶中央开了一个直径 8.9m 的圆洞，通过圆洞漏进柔和的漫射光照亮了空阔的内部，充满了宁静的宗教气息。

3 利用走道联系各使用空间

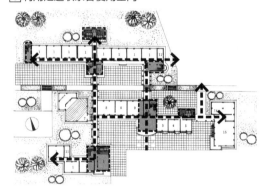

4 利用广厅联系其他的使用空间

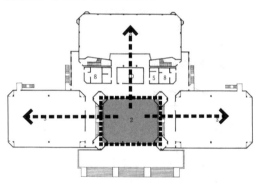

5 通过中庭的模式进行竖向空间的联系

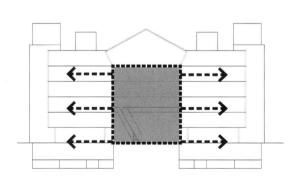

6 空间序列的变化

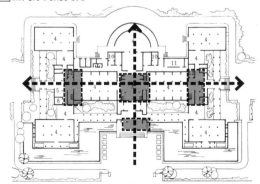

通过不同交通方式连接而叠加、重复和对比，形成有秩序有变化的空间。

2.3.4 结构柱网布置

在进行平面设计时需要同时考虑建筑结构对平面所带来的影响，避免在确定平面之后，由于结构需求又进行修改，这会为设计后期带来极大的不利影响，建筑会因此很难达到预期的空间和造型效果。

⊙ 柱网与平面布局

对大多数多层和高层公共建筑来说，框架结构是最常见的一种结构形式。采用框架结构的建筑内部空间可灵活布置，根据建筑的层高和跨度，柱子的尺寸和房间的开间基本上就可以确定。一般情况下，框架结构柱间距在6~8m，房间的进深应该尽可能保持一致，上下空间的隔墙特别是承重墙应该尽量对齐，在个别特殊情况下，可以根据具体情况再做调整。

一般来说，在进行平面设计时，应该先布置好柱网，再根据柱网位置布置房间，要注意隔墙与柱子的关系，避免柱子破坏房间的完整性而影响使用。当柱网无法满足房间需求时，可以在结构允许的情况下适当对柱网进行增减或者调整，以满足房间的使用要求，1~3为旅馆建筑标准层柱网的布置图，从中可以看到柱网布置与平面相应关系及不同的结构柱网对室内使用空间产生的影响。

当遇到大空间在竖向层次上的功能布置时，例如大宴会厅和多功能厅等要求无柱的大空间，这样的空间应该尽可能安排在小空间之上，避免在大空间上叠加小空间，满足结构设计的合理性需求。

⊙ 层高与平面布局

不同空间对建筑内部高度的需求不尽相同，层高也一定程度上影响着建筑的空间布局，更多的是在竖向空间上。在建筑中，空间性质不同的空间一般要分开组织；同样，空间高低不同的空间，一般也需要分开组织。以学校建筑为例，教室和办公室的面积和高度要求都不一样，办公室的面积较小而且高度要求较低，所以平面设计中将这两部分功能空间分开布置，是经济合理的处理方式。

如4所示，不同高度的空间在设计时可以有以下三种不同的方式来解决高差问题。

（1）利用踏步式错层来整合高差，适用于不同层高楼层间的联系，教学楼与办公楼之间同层次不同高度的连接，往往通过有踏步的连廊解决；

（2）利用建筑的夹层来整合层次，将两层较低层高的空间与一层较高层高的空间排布在一起，旅馆建筑大堂常为二层挑高，旅馆服务、办公、餐饮等功能空间分层布置；

（3）利用地形来解决高差，在山地建筑中，平面可以有丰富的标高变化，顺应山势变化，在满足房间高度需要的同时，依旧可以得到丰富有趣的室内空间变化。

1 三跨柱网与房间排布

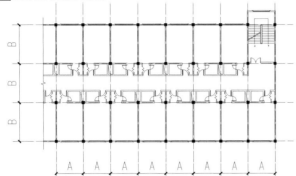

三跨结构柱网从力学角度上分析，会形成受力均衡的等跨梁，力学效能较好，梁高也可隐藏在卫生间墙体内。

2 两跨柱网与客房排布的关系

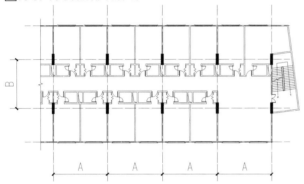

两跨柱网，结构柱不但较大，而且还产生部分悬挑，同时在建筑室内会明显受到梁高的影响，不利于与平面功能有效结合。

3 柱网的转折

根据建筑形体设计，柱网需要进行转折的处理，此时除了应该注意保持柱网的连续性之外，还应该注意转角空间的处理，此类转角空间往往形体不完整，为结合功能布局而调整呈布置辅助功能空间。

4 建筑层高整合示意图

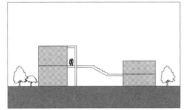

（a）利用踏步错层整合高差

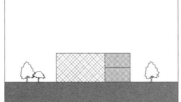

（b）利用建筑夹层整合高差

（c）利用地形整合高差

案例 建筑平面设计方案

流线分析图

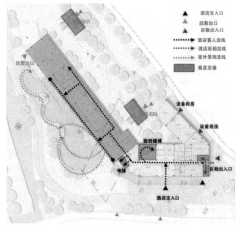

流线:

从流线分析图中,可以看出设计者对建筑人流流线组织方式的思考。流线主要分为三个部分,酒店旅客住宿流线、后勤人员服务流线和步行景观流线。

三条流线分工明确,互不干扰,是布置比较合理的旅馆流线设计。

设 计 者:符岳林
建筑功能:山地酒店

本设计位于狭长的基地中,根据基地条件采用了线性的布局形式,并通过平面的转折来达到建筑与自然环境间的相互适应,同时丰富了建筑内部空间环境。

设计者希望所有所有客房都能获得优势景观面且无视线遮挡,因此方案采取了集中的线性布局模式,各功能用房间通过水平走廊与垂直楼梯连接与组织。一层布置公共部分、行政部分、康乐和设备用房,康乐部分直接和室内露天泳池连接。二层临近街道部分设置餐饮,利于餐厅对外开放。宾馆套房则布置于景观最好,视线最佳的顶层。

功能:

建筑一层主要设置为旅客公共活动空间及部分辅助用房,两部分各自有专用出入口,同时又通过酒店大堂相连。大堂西侧商店也设有直接对外的出入口,希望达到更好的商业效果。

建筑的东北面有两个单独的体量,为旅客的观光电梯厅,其中的楼梯间也可作为疏散之用。

首层平面图

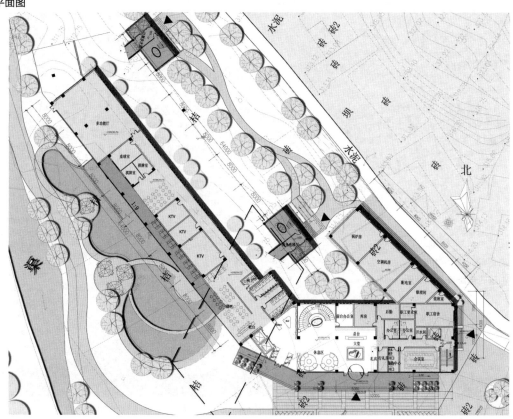

二层平面图

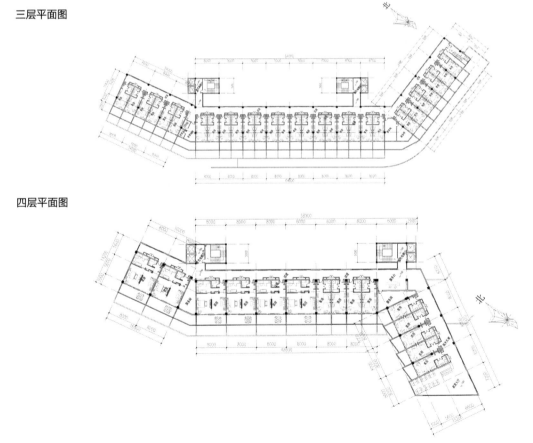

建筑二层的主要功能包括餐厅和客房。餐厅可以从酒店大堂的弧形楼梯直接到达，餐厅的厨房位于建筑的东侧，通过服务楼梯可以直接到达一层的辅助出入口。建筑的其余空间全部为客房空间，面向基地主要的景观面，建筑体量的转折处不规则的房间被设置为休息间和工作人员的布草间，外接的两个竖向交通空间既满足了建筑的防火疏散要求，也丰富了建筑的体量。

二层平面布局的不足之处在于餐厅与东南角的客房距离太近，人流量较大的餐厅可能会对客房产生一定的噪声和气味干扰，不利于旅客的休息。这一点可以通过拉大转折空间来改进。

三层平面图

四层平面图

建筑三四层全部为客房空间，需要注意的一点是，东侧的货运辅助楼梯在三层成为疏散用的辅助楼梯，这座楼梯可直接通往二层的厨房和一层的员工入口，如果有旅客使用的话，容易误入员工用房。虽然在本设计中，这座楼梯主要为紧急情况下的疏散之用，但是在设计时，还是应该尽量避免旅客与员工流线交叉的可能性。

案例 建筑平面设计方案

建筑功能分区图

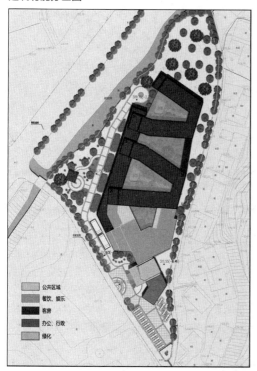

设 计 者：邱如刚
建筑功能：山地酒店

建筑的造型的虚实变化与山地形态相互融合，较好地突出了山地建筑依山就势的特点。不同建筑体量之间的排列叠加，使得整个建筑形成了多个开放空间和半开放空间，U形的建筑体块围合成的室外庭院，为建筑提供了更多的趣味性和观赏性，更为使用者提供了良好的视线享受。

在旅馆的主入口处理上，设计者将主题建筑退让道路17m，形成了较为开阔的入口广场，车辆进入基地在东侧停放，对建筑内部的造成较小的影响。入住者从大堂进入，通过竖向交通和水平交通到达客房，从公共空间的动，逐渐形成私密空间的静，从而获得旅游度假的目的。

如建筑的功能分区分析图所示，建筑被划分为五大块功能：公共区域、餐饮娱乐、客房区域、办公行政和中心的绿化庭院。

不同功能区之间区分明确，没有交叉和重叠，建筑体量最舒展，视野较好的部分为客房区域，在客房区域设置了三个景观庭院，为客房提供了清幽的环境。

首层平面图

建筑一层的平面分区策略是以酒店大堂为界，北面为公共活动空间，南面为服务用房。公共活动空间的北面即为客房，棋牌室与客房之间几乎没有缓冲的空间，嘈杂的棋牌室和桌球室容易对客房和会议室带来干扰。此外，自助餐的备餐间正位于旅客流线上，没有单独的避开客人流线出入口，造成了流线的交叉。
由此可以看出，在设计时，除了要有明确功能分区的规划，在进行具体的平面设计时，还需要注意不同功能交接处的过渡和流线区分。

二层平面图

建筑二层主要有三个功能区：客房区、餐厅和办公室。在这个设计中，客房通过庭院空间进行组织，面对庭院开敞，是典型的并联式平面布局。
与建筑一层一样，虽然建筑的功能分区清晰明确，但不同区块之间缺乏一定的过渡和隔离。餐厅与客房区的距离太近，容易对旅客的休息造成干扰。

三层平面图

此设计实例采用了典型的竖向功能分区方法，建筑的北面条状、开敞的体量为客房空间，南面的体块为公共活动空间和服务用房。北面体量舒展，视
野良好；南面体量集约，流线较短；不同功能区的建筑体量体现了各自的功能特点。

2.4 剖面设计

2.4.1 山地建筑的剖面特点

山地建筑最大的特点就是建筑基底面的不确定性，建筑会随着地形的起伏而发生空间与形态的变化，在平地建筑中比较确定的建筑底层平面高度，在山地建筑中往往并不确定，"不定基面"因而成为山地建筑剖面空间形态的最大特点。

⊙ 不定基面的概念

在了解"不定基面"这个概念之前，首先需要界定"基面"和"底面"。在卢济威的《山地建筑设计》一书中，对"基面"与"底面"均有定义如下：建筑的"基面"是指建筑的入口层面或与较大面积的室外活动空间发生联系的建筑层面；建筑的"底面"是指建筑与基面的接触层面，当建筑架空时，底面指的是水平高度最低的建筑层面。

对一般的平地建筑来说，基面就是底面，因为建筑的最底层往往就是入口层。而对山地建筑来说，建筑有多个与山地底面相接的楼层，因此也可以有多个可以进入建筑的方式和基面。如 1 所示，多个基面与底面的关系，山地建筑的底面是水平高度最低的建筑层面，只有一个，但是建筑的基面则由于山地建筑的特殊性可以有两个甚至两个以上，这也是山地建筑与平地建筑最为不同之处，"不定基面"是山地建筑所具有的基本形态特征。

⊙ 不定基面的利用方式

合理利用山地建筑的不定基面的特点可以为设计使用带来诸多好处，"不定基面"为建筑的出入口交通组织提供了更多的可能性，立体交通组织使得建筑使用者的分流可以在进入建筑物之前就通过由不同标高的入口进入而得到解决（如 2 所示）。美国夕照山住宅利用了山地建筑不定基面的特点，让车辆可以直接通过底层的道路进入底层停车场，而其他使用者可以通过另一条与住宅层直接相连的道路进入。

⊙ 不定基面的标注方式

山地建筑不定基面的特点使建筑的室内层数标注变得较为复杂，从不同楼层进入建筑的人也可能会对楼层标识产生混乱，所以设计中进行标注时，包括平面标高和建筑层数的标注，都应该有先确定一个基面，在这个基础上进行标注可以避免混乱（如 3 所示）。

---

1 图片来源：卢济威，王海松.山地建筑设计.北京：中国建筑工业出版社，2001.
2 图片来源：卢济威，王海松.山地建筑设计.北京：中国建筑工业出版社，2001.

1 基面与底面的关系

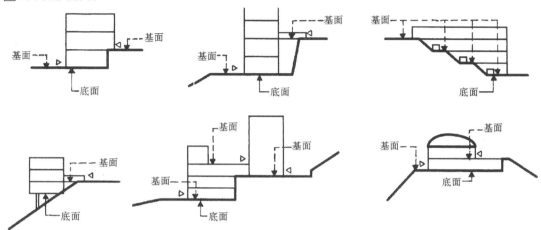

2 日本西宫市东山台五、六号街区住宅

结合地形运用立体交通在户外解决建筑内部高差问题,将建筑中有老年人的使用空间设置于二层,与其主要使用的场地道路标高相同,方便老年人进入,而其他使用者则通过楼、电梯向下或者向上进入其他的使用功能便于将住户进行分流,减少建筑内部交通压力,增加流线空间的可识别性和多样性,同时给室外空间带来活力。

3 不定基面的标注方式

图中选取与绝对标高为 15.000 的地面层相连的建筑主要使用空间为基面,定为建筑的一层,相对标高为 ±0.000,建筑二层的相对标高为 3.600,绝对标高为 18.600,而低于一层的空间则负一层、负二层。相对标高和绝对标高都根据建筑层高变化而变化。

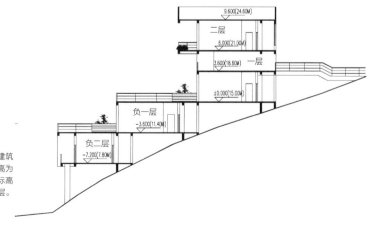

2.4.2 山地建筑的剖面形式——地下式、架空式

山地建筑的剖面形式与平地建筑的不同主要体现在建筑与基地的空间关系上，其反映的是山地建筑与山地自然基面的相互关系，也反映出建筑利用基地的方式。按照山地建筑与山地自然基面剖面相对关系的不同，可以将其分为地下式、架空式和地表式三种形式，每种不同的剖面接地形式适用于不同的山体条件，带来不同的空间效果的同时，并对山地的景观环境造成不同程度的影响，建筑师需要根据山体的具体情况与建筑功能、空间需求进行选择。

⊙ **地下式**

通常地下式有完全覆盖和部分覆盖的形式。建筑整个埋入山体之中，建筑屋顶完全被山体覆盖，仅留建筑的出入口；或建筑被山体部分覆盖，部分建筑建造在山体之外。采用地下式的接地形式有利于建筑的节能，可以获得冬暖夏凉的效果，但是牺牲了自然通风和采光，会对建筑的使用带来不便（如 1 所示）。

由于建筑室内对通风和采光的需求，采用完全覆盖形式的新建建筑是很少见的，但是在风景保护区内，为了尽可能保留山体原有植被和覆土，在满足建筑功能需要的前提下，建筑师会选择把建筑的大部分使用空间埋入地下。

在平地建筑中也有一些将建筑主体埋入地下的实例，多为改加建项目，为了保留地面老建筑的风貌而把加建的功能埋入地下。建筑大师贝聿铭所做的巴黎卢浮宫改建项目，如 2 所示，他把扩建的主要使用部分放在地下，设计了一个巨大的玻璃金字塔作为新美术馆的大门，同时也为地下空间作采光之用，通过玻璃天窗和采光中庭把自然光引入室内。同样的方法也可以在山地建筑中使用，伴随引入的还有大自然的优美风光。

瑞士的瓦尔斯浴场，如 3 所示，建筑师将建筑的大部分体量埋于地下，将温泉浴场露天设置，使人们可以在自然的环境中享受来自身体与心理的放松。建筑的室内外空间灵活通透，屋顶被草坡覆盖，隐匿于山体之中，用灵活的空间组合满足建筑的使用要求，也带来了丰富的空间感受。

⊙ **架空式**

架空式就是建筑的底面与山地地表面完全或局部脱开，以柱子或局部来支承建筑。架空这种建筑剖面形式增加了建筑对特殊山地环境的适应性，减少了对山体地貌的影响，因此适用于各种类型的山体，是一种很常用的山地建筑的接地形式。在平地建筑中，底层架空也十分常见，从古代开始，在潮湿和洪水多发的地区，人们常用这种形式来防水防潮，山地的环境往往也比较潮湿，并且有许多蚊虫和野兽，用架空的方式可以一举多得。架空的形式可以分为全部架空和局部架空两种。

（1）全部架空。全部架空的建筑形式可以最大限度保留山地的原有覆土和植被，还可以适当的增加建筑使用空间的高度以获得更好的视野。4 为美国俄勒冈州某度假别墅，建筑师利用独立钢柱将整座建筑支承起来，使建筑完全架空，形成凌空飞架之感。但不推荐课程设计中采用全部架空的形式来处理建筑的剖面空间形态，而是更加强调建筑与山地环境的适应性。

（2）部分架空。部分架空也就是"吊脚式"，相比起全部架空，部分架空在山地建筑中使用得更多。建筑的一部分与山体直接接触，另一部分靠柱子支撑与山体之上。在山地地形比较复杂的情况下，建筑跨越起伏不定的山头时，采用部分架空的方法可以更好地利用地形，可以获得多样的建筑形体和立面。如 5 所示为勒·柯布西耶设计的法国拉土雷特修道院，建筑位于山顶之侧，为底部一侧架空的吊脚型建筑，仿佛是位于密林中拔地而起悬浮在空中。

1 窑洞

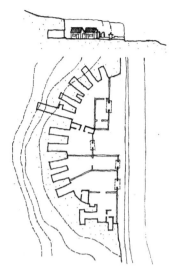

窑洞采用全部或大部分覆盖在山体中的形式，是地下式山地建筑的典型代表，有助于建筑节能，避免高差问题。

2 卢浮宫扩建工程

建筑师运用通透的玻璃外表皮将阳光引入室内地下空间。

3 瓦尔斯浴场

建筑内部空间掩盖在山地底部，使屋顶成为公共空间与坡地融为一体。

4 美国俄勒冈州某度假别墅

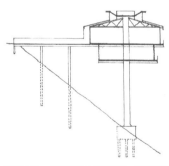

该别墅是一座两层的八角形建筑，建筑师利用独立钢柱将整座建筑支承起来，使建筑完全架空。

5 拉土雷特修道院

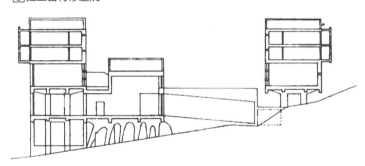

勒·柯布西耶设计的法国拉土雷特修道院是一座吊脚型的建筑，建筑底部的一侧架空，使建筑与环境更好的融合。

1 图片来源：卢济威，王海松.山地建筑设计.北京：中国建筑工业出版社，2001.
2 图片来源：大师系列丛书编辑部.普利茨克建筑奖获得者专辑.武汉：华中科技大学出版社，2007.
3 图片来源：http://www.creativeclass.com/_v3/creative_class/_wordpress/wp-content/uploads/2008/08/therme-vals-04-by-sim.jpg.
4 图片来源：卢济威，王海松.山地建筑设计.北京：中国建筑工业出版社，2001.
5 图片来源：卢济威，王海松.山地建筑设计.北京：中国建筑工业出版社，2001

2.4.2 山地建筑的剖面形式——地表式

⊙ 地表式

在地表上与山体相接是山地建筑最常见的建筑接地方式，其最主要的特征就是建筑的底面与山体地面直接发生接触，因此建筑底面会随着山地底面的起伏而发生变化，地表式也是最能体现山地建筑的特点的建筑剖面接地形式，建筑师根据建筑功能布局、空间形态的关系，对建筑的基底面加以调整，建筑由此形成错层、掉层、跌落、台阶等不同的剖面形态。

（1）错层。错层是指在同一建筑内部形成不同的标高的楼地面，建筑内部错层在平地建筑中也较为常见，但通常是为了适应不同建筑功能对建筑室内空间高度不同要求而设置的。在山地建筑中，错层则是一种在建筑内部消化山地地形高差变化的常用处理方式，在当建筑内部错层的标高变化小于一层，适用于坡度10%~30%的坡地。建筑错层的实现可以通过台阶、楼梯和坡道来设置和组织，在合理组织室内空间、满足地形需求的同时，也丰富了建筑空间组织（如1所示）。下沉而不封闭的错层空间可以形成一定的围合感，结合台阶等竖向交通可以形成趣味感十足的公共空间。

错层在山地住宅是常见的处理方法，可以使这种小型建筑内部的空间更加丰富。如2所示的英国勃克斯山地住宅，从建筑的入口层进入以后，利用地形的高差，往下1/3为客厅，往上2/3为卧室，既满足了不同使用空间的功能需求，又使得室内空间更加灵活生动。

（2）掉层。当错层的高度等于或者大于一层时，就形成了掉层。掉层处理方式适用于坡度30%~60%的坡地，充分利用陡峭的山地环境，让室内获得更大的空间。掉层有纵向掉层、横向掉层和局部掉层三种基本形式（如3所示）。

当建筑垂直于等高线布置时，相应的掉层形式为纵向掉层，这种掉层形式跨越了较多的等高线，底部以阶梯状顺坡掉落，适用于东西向的山坡（如4所示）。需要注意的是，当建筑沿等高线布置时，相应的掉层形式为横向掉层，掉层的部分仅有极少的可用于开窗的墙面，对室内的采光和通风较为不利。

建筑的勒脚层是建筑掉层形式的一种特例，通过调整勒脚的形式和高低来调整建筑与基地竖向的关系，这种处理方法在民居中十分常见。勒脚的形式有很多种，当坡地较平缓时，可以全部采用勒脚的形式；当坡地较陡时，可以把勒脚分段处理成阶梯式；当建筑的一部分落在平地之上而另一部分位于坡地上时，可部分采用勒脚。采用勒脚还可以丰富建筑立面的变化，形成层次感，勒脚由于接近地面，往往处理的比较有厚重感，可以直接使用山地的石块作为建筑材料，让建筑更好地融入山体之中。当勒脚高度较大时，勒脚下部的空间还可以加以利用，可以设计休闲广场丰富建筑空间。

（3）跌落。跌落式是指建筑顺势层层降低，呈阶梯状，多适用于由小单元空间组成的建筑，如旅馆、住宅建筑。如5所示，这种接地方式使建筑形体更加灵活，建筑的体量随着山体变化，体块较为零碎。根据体块的组合关系，下层的屋顶可以成为上层的阳台或其他形式的室外活动场地，对室内室外环境都带来丰富的变化。

（4）台阶。台阶式与跌落式非常类似，不同之处在于跌落式的建筑横向连结，而台阶式是上下错叠连结的。如6所示，台阶式的建筑与山地等高线的最常见形式是正交，也可以根据场地情况采用斜交的形式。台阶式的建筑由一组一组相同或相近的建筑单元组合而成，下层单元的屋顶是上层单元的平台，这种建筑类型适用于住宅和旅馆，可以通过对重叠范围和房间进深的调整来适应不同坡度的山地，布局灵活，空间丰富，但是应该注意避免上下单元之间的视线干扰，保证使用者的私密性。

---

1 图片来源：卢济威，王海松.山地建筑设计.北京：中国建筑工业出版社，2001.
2 图片来源：卢济威，王海松.山地建筑设计.北京：中国建筑工业出版社，2001.
4 图片来源：卢济威，王海松.山地建筑设计.北京：中国建筑工业出版社，2001.
5 图片来源：卢济威，王海松.山地建筑设计.北京：中国建筑工业出版社，2001.
6 图片来源：马卫东.安藤忠雄全建筑 1970-2010.上海：同济大学出版社，2012.

1 错层的组织方式

利用双跑楼梯,
可使单元错半层

利用三跑楼梯,
可使单元错 1/3 或 2/3 层

利用四跑楼梯,
可使单元错 1/4 或 3/4 层

2 勃克斯山地住宅

剖面

立面

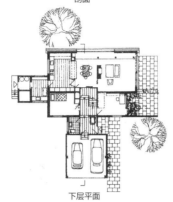
下层平面

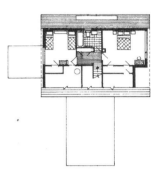
上层平面

3 掉层的不同类型

纵向掉层　　　　横向掉层　　　　局部掉层

4 掉层式山地建筑

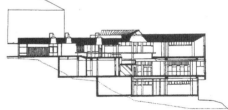

美国 M.A. 本尼迪克廷大学图书馆利用垂直掉层空间创造了一个阶梯状底面的共享空间。建筑的跌落部分为扇形阅览室,通过扇形空间连成一体,顶层的半圆形平台可以将阅览空间一览无余,有利于图书馆的管理工作。

5 跌落式的山地建筑形式

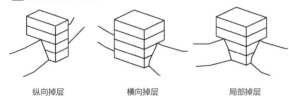

通过这种手法组织形体有助于提高空间的利用率,也使其与地形紧密结合

6 台阶式的山地建筑形式

(a)轴侧图

(b)正立面图

2.4.3 山地建筑的屋顶形式

山地建筑的屋顶形式受山地形态的影响，作为建筑的第五立面，屋顶的重要性由于山地的形态和山地建筑不定基面的特点得到了提升。由于建筑位于坡地之上，除了要考虑建筑立面之外，还要考虑来自坡地上方和下方的视线，也就是说，建筑的屋顶作为第五立面将受到来自更多角度视线的审视，所以山地建筑的屋顶设计应该更加仔细。

山地建筑的屋顶很多时候可以成为室外场地的一部分，是使用者可以到达的平台，在阶梯型的建筑中，下层的屋顶可能是上层的阳台，这些特点为山地建筑的屋顶设计增添了许多可能性。同时，处理好山地建筑屋顶形式与山地形态的关系也可以使建筑与山地更好地融合。

山地建筑屋顶形式与平地建筑屋顶形式并没有本质区别，由于建筑与坡地的关系与建筑与平地的关系不同，所以建筑屋顶与基地的关系也不一样，而且根据山地坡度的不同造成屋顶与基地关系变化更加多样，山地建筑屋顶与山体的常见关系主要有屋顶与山地相离、屋顶与山地相连和屋顶被山体覆盖这三种形式，建筑师在设计时要根据场地的实际情况、建筑的功能要求和建筑的设计理念来合理选择。

山地建筑和平地建筑一样，屋顶的形式可以分为平屋顶、坡屋顶和其他屋顶形式（如 ⬛1 所示）。

● 平屋顶

山地建筑中采用平屋顶的建筑占多数，平屋顶的建筑能更好地利用室内空间，但是与坡屋顶相比，平屋顶与山地的融合度稍低，所以在山地建筑设计中，建筑师常常用植物或石材覆盖平屋顶的方式来让建筑更好地融合周围山地环境之中。此外，山地建筑采用平屋顶可以形成上人屋面，如果建筑体量变化丰富，同时与山体相连组成多个基面，就可以让整座建筑的室内外空间更加丰富，人们在场地和建筑中的穿行也会更富趣味性（如 ⬛2 所示）。

● 坡屋顶

坡屋顶也是山地建筑设计中经常采用的形式，一般适用于层数不多的小型公共建筑或私人住宅，坡屋顶可以分为单坡顶、双坡顶和不规则坡顶三类。

（1）单坡顶。单坡顶可以让建筑融于环境之中，屋顶的坡度可以与山地坡度相同或近似，坡度较大时，屋顶可以与建筑的立面结合，形成既是墙面又是屋顶的围合结构，结合室内空间在屋顶上开窗满足通风采光的需要，与建筑内部的走廊和门厅结合还可以形成通高的公共空间，让使用者可以享受周围的景色（如 ⬛3 所示）。

（2）双坡顶。双坡顶在传统民居中很常见，适用于住宅和其他小型公共建筑，双坡顶的形式在山地旅馆建筑中是很适合的，双坡顶也可以根据具体场地条件作出变化，不同建筑体量的屋顶聚集和组合也可以形成别具特点的景观，同时不破坏周围山地的景观（如 ⬛4 所示）。

（3）不规则坡顶。不规则坡顶的形式开始出现，建筑师可以根据坡地特点作出更贴合的设计，使建筑更具有现代感，也可以与室内空间更加契合（如 ⬛5 所示）。

● 其他屋顶形式

随着建筑技术的进步和人们审美的改变，屋顶的形式出现了更多的可能。例如用参数化设计得到的曲线屋顶图（如 ⬛6 所示）。这些屋顶形式的建筑在山地环境中时，要尤其注意建筑形式与山体的关系，以避免怪异大胆的建筑造型破坏了山地优美的自然风光。

⬛1 图片来源：http://www.archdaily.com.
⬛2 图片来源：http://www.idmen.cn/?action-viewthread-tid-3628.
⬛3 图片来源：（美）彼得·布坎南.伦佐·皮亚诺建筑工作室作品集（第2卷）.周嘉明，译.北京：机械工业出版社 2003.
⬛4 图片来源：卢济威，王海松.山地建筑设计.北京：中国建筑工业出版社，2001.
⬛5 ⬛6 图片来源：http://www.archdaily.com.

1 不同山地建筑屋顶形式

2 TOLO 别墅

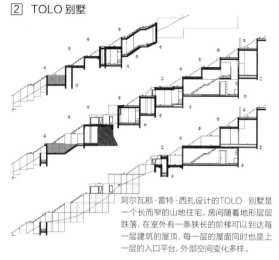

阿尔瓦那·雷特·西扎设计的 TOLO 别墅是一个长而窄的山地住宅,房间随着地形层层跌落,在室外有一条狭长的阶梯可以到达每一层建筑的屋顶,每一层的屋面同时也是上一层的入口平台,外部空间变化多样。

3 联合国教科文组织实验室工作间

建筑师皮亚诺为自己设计的工作室就是一座典型的单坡顶山地建筑,由一大片斜屋顶覆盖住所有的室内空间,这片大屋顶既是屋顶也是墙体,既可以采光通风也可以让室内的使用者仰望到蓝天白云,为室内提供了一大片流动的交往空间,让室内空间更具趣味性。

4 马来西亚太平洋住宅

马来西亚吉隆坡的太平洋住宅就采用了双坡顶的形式,符合当地的气候特点,也可以让建筑更好地融入建筑之中。

5 不规则的坡顶形式

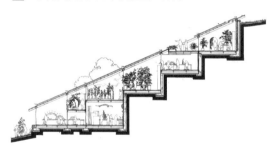

德鲁根·梅斯尔事务所设计的奥地利埃尔音乐厅采用不规则的坡顶形式。

6 曲线屋顶形式

丹麦的 BIG 建筑设计事务所设计的格凌兰岛国家美术馆是一座圆环状的整体,建筑的屋顶也是完全不规则的,但这种不规则是根据地形演变而来,建筑在保持形态的完整性的同时也顺应了地形的变化。

2.4.4 土方的平衡

在山地建筑中难以避免的就是对基地的开挖和填埋，由于山地的地形与地质情况比较复杂，有些地方的土质必须挖到一定的深度才能修建房屋。新填土方会自然沉降，土地承载能力不足，不适合建造房屋，必须挖到老土或者石层的深度，但填方过多，造价也不经济。因此山地建筑宜以挖方为主，挖出的土可以填平场地，扩大室外活动面积。但挖方过多会破坏原有地形，所以对山地建筑场地的处理应该结合挖方和填方两种方式，以能达到最终的土方平衡为最佳，以期达到省时省工最小的工程量，也可以避免对过多废弃建筑材料的处理。

要达到土石方的平衡首先要经过土石方工程量的计算，可以采用方格网计算法或横断面计算法。方格网计算法（如 $\boxed{1}$ 所示），是将场地分为20~40m间距的方格网。每个方格四角上分别填入自然标高、设计标高、工程标高。分别标出每个方格挖、填方量，再最后汇总。如 $\boxed{2}$ 所示，建筑剖面横断面计算法，一般用于场地纵、横坡度有变化规律的地段，取垂直于地形等高线的横断面走向，在各间距段（间距段视地形情况而定）自然地形坡度与设计地坪统一位置断面线上，标出断面挖、填土方量，再叠加算出总量。除了计算好土方挖填量以外，还要注意不同类型土壤夯实前后体积的比值问题。

在山地建筑的设计中，以两根等高线的中间为基准，进行场地平整的工作可以更容易得到挖填方的平衡。同时，阶梯型的建筑形式也是一种易进行土方平衡的形式。

$\boxed{3}$ 图片来源：http://bbs.zhulong.com//102020_group_727/detail30957191?louzhu=1

①方格网计算法

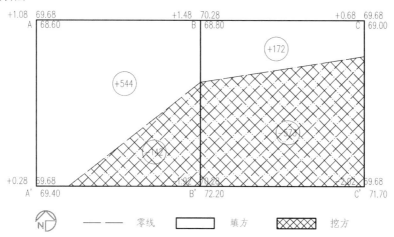

②横断面计算法

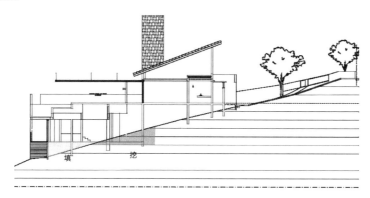

从其剖面可以看出建筑挖填土方基本平衡，避免了过多增加施工量。

③块分法

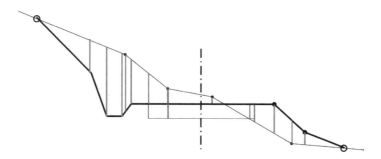

横断面块分法的计算方式为：把横断面图上地面线和设计线的转折点划分为若干块不等宽的梯形或三角形，分别计算为一块图形的面积并相加，同样可计算土方挖填量。

案例　建筑剖面设计

滨水透视图

模型透视图一

模型透视图二

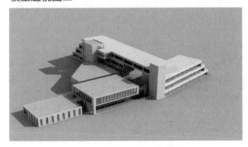

设　计　者：李烨
建筑功能：山地旅游旅馆

　　设计呈明显的跌落式，建筑从垂直和平行于等高线的两个方向跌落。从剖面中看到，建筑形体的跌落随着地形跌落的变化而变化，但由于地形本身的高差变化不明显，而是此种跌落手法显得较为生硬。

　　从建筑的形体上看，建筑有明显的体块穿插关系，并且在建筑的交接部位形成了一块架空的空间，使建筑空间变化较为丰富，但设计并未在图纸中表达出该空间的丰富之处。

　　建筑剖面应该表达建筑空间最复杂和丰富的部位，以体现设计的亮点，而不能因为绘制难度较大就避而不画。

模型鸟瞰图

剖面图一

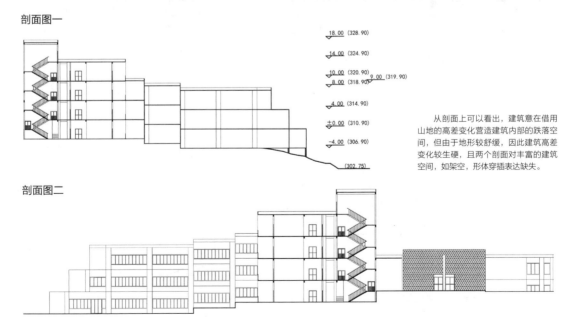

18.00 (328.90)

14.00 (324.90)

10.00 (320.90)
8.00 (318.90)　9.00 (319.90)

4.00 (314.90)

±0.00 (310.90)

-4.00 (306.90)

(302.75)

　　从剖面上可以看出，建筑意在借用山地的高差变化营造建筑内部的跌落空间，但由于地形较为舒缓，因此建筑高差变化较生硬，且两个剖面对丰富的建筑空间，如架空，形体穿插表达缺失。

剖面图二

案例　建筑剖面设计

模型鸟瞰图

设 计 者：张琳娜
建筑功能：山地酒旅游旅馆

从剖面中可以看出，建筑内部空间和竖向交通设置是随着山势往下跌落的，建筑的坡屋顶设置也与地形、地势有一定的关系。

在建筑景观面的处理中，设计者设置了一个悬挑的观景平台，为使用者享受山地优美的自然风光提供了不同的高度与角度，也丰富了建筑的空间层次。

剖面上的处理充分考虑了地形的因素，使建筑内部空间与地形紧密结合，形成错落的空间。从剖面可以看出景观处理以及悬挑的运用对建筑内部空间品质的提升。

剖面图一

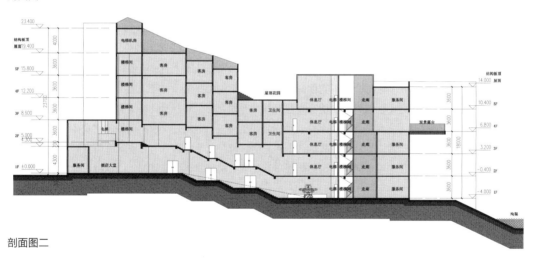

剖面图二

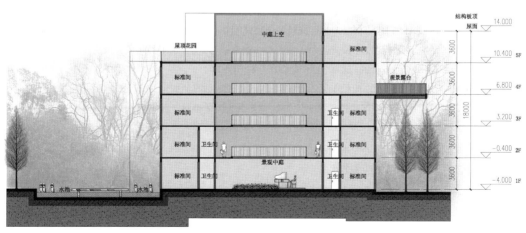

2.5 形体设计

2.5.1 山地建筑的形体特征——建筑形体与山地的关系

◉ 建筑形体与山地的关系

建筑的形体呈现出的某种趋势，体现了建筑与山体的大关系，反映了建筑师的设计意图和希望得到的空间效果。这个大的形态关系可分为建筑物融入山体和建筑物突出山体两种方式。

1）融入山体

山地建筑形态设计需要遵循的基本原则是使建筑尽量融入山地环境之中，减少对山体原有生态环境的影响。

当建筑体量较小时，建筑师相对较容易处理，可以很好地将建筑隐匿于山体环境之中，例如别墅和小型会所等。建筑师需要在设计中主动采用有利于建筑与山体协调的手法，例如采用坡屋顶、将建筑处理成跌落的形体和运用当地的建筑材料等。如①所示的武夷山庄与②所示的墨西哥山地景观旅馆的设计中，建筑师主动采用减小建筑体量感的方法，使建筑不产生突兀感，更好地与环境融合。

如③所示，当建筑面积较大时，设计中往往采用拆分建筑体量的处理方法，在满足功能和交通流线要求的基础上，将大而完整的建筑体量拆分成较小的或相对分散的建筑体量。而这种处理方式是需要重点学习的、具有一定难度的建筑设计手法，其中会涉及有关建筑比例、尺度、形体组织与协调、色彩与材质多方面的内容。

有时在设计中会发现，公共建筑的功能流线的组织方式限制了建筑的形体组织，各部分之间不可以分得太散。当建筑面积较大时，建筑师往往会采用削弱体量感的手法来降低庞大的建筑形体给山地环境带来的压迫感，例如把建筑处理成阶梯状，让整个建筑的体量随着山体的起伏而变化。一些山地旅馆将旅馆的客房分散成多个小单元自由散布在山体之中，这种做法使每间客房都拥有独立的空间、不受其他房间干扰的环境，如同置身存在于大自然中。如②所示，位于墨西哥某个美丽山谷中的观景酒店就是一个典型的将建筑体量化整为零的例子，建筑师将旅馆化为20个悬浮的盒子，散落在山谷之中，每个盒子都是一个完整的旅馆房间，客人可以窝在这样一个小世界里享受绝佳的山地风光。而更加极端的处理方法是将整个建筑埋入山体中，最大限度地消除建筑在环境中的痕迹。

2）突出山体

当山体环境并不理想、不用过多考虑保护山地生态环境时，或当建筑功能较为复杂时，建筑无法以低调的姿态隐匿于山体中，就需要特别考虑建筑与山体的协调共生。设计师往往通过建筑建造手段来优化、完善山地的空间环境。这时可以让建筑突出于整个环境之中，保持建筑原有的比较完整的体量。这种处理方式常见于山顶，位于山顶的建筑天然具备了最佳的开阔视野，可以尽量突出建筑的外向性和开放性，所以可以在不明显破坏山体整体景观环境的前提下，使建筑呈现较为独特的个性，形成山地全新的景观。如由斯蒂芬·霍尔设计的南京艺术博物馆（如④所示）和由矶崎新设计的日本北九州美术馆（如⑤所示），建筑都以出挑的形式悬挑在空中，形体虽然突出于山体但并不突兀，而是与山体形成较好的视觉关系，这需要高超的设计修养与设计技巧方能达到。

这里需要说明的是，虽然我们将建筑形体与山地的关系分为以上两种，但是对很多山地建筑来说，由于建筑的功能和山体情况各不相同，因此更多地需要依据实际场地条件来进行分析和设计，而对于位于山体位置的山地建筑来说，过分的自我表现是不合时宜的，应遵循建筑与山体协调、融入山体的原则下，建筑形体可以部分突出山体，从而达到建筑形体塑造的效果。

---

① 图片来源：卢济威，王海松.山地建筑设计.北京：中国建筑工业出版社，2001.
⑤ 图片来源：卢济威，王海松.山地建筑设计.北京：中国建筑工业出版社，2001.

[1]武夷山庄

[2]墨西哥山地观景旅馆

[3]建筑融入山体分析图

当建筑体量加大而且完整的时候，容易对山体的景观造成遮蔽和破坏，可以将体量打散，让建筑以多个较小的体量散布在山体之中。

[4]南京艺术博物馆

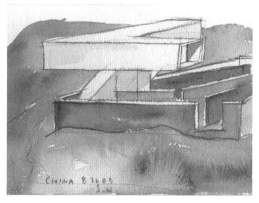

由斯蒂文·霍尔设计的南京艺术博物馆位于南京珍珠泉茂盛碧绿的草木景观环绕间。上层的画廊被悬挂在高空，并按顺时针顺序逐渐上升，最后聚集于"观景位"的顶点眺望远方的南京城市。

[5]日本北九州美术馆

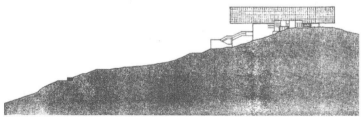

矶崎新设计的日本北九州美术馆，两个长方体空间悬挑于山脊之上，体现出超凡的气魄，是符合建筑功能特点的表现形式。

2.5.1 山地建筑的形体特征——山地建筑的造型特点

● 山地建筑的造型特点

山地建筑在造型上的特点，主要表现在建筑与山体的相关性和建筑形体的多样性方面。

1）相关性

山地建筑形体与山地地形的相互关系十分紧密。山地建筑是受环境影响巨大的一种建筑类型，山地建筑形体与山地地形的相关性就体现在山地建筑对山地等高线的合理利用上。特别是对于一些由功能需要而有室内高差的房间，例如影剧院、演讲厅和体育建筑的看台空间，合适的山地坡度更利于经济节省地建造这些使用空间，建筑师在设计时应该善于在复杂的地形中寻找出这样的空间环境，并加以利用。如 1 所示为希腊的埃皮扎夫罗斯古剧场，其借助山体的坡度形成了剧场的看台，剧场面向山脚敞开，从而获得了较为开阔的视野。

建筑与山体的相关性也可以指建筑形体特点与山地空间环境特点的相互关系，也就是位于不同山位的建筑造型一般也能体现出相应环境的性格特点，比如山顶的外向和开放以及山谷的内敛和隐蔽。

2）多样性

山地建筑造型的多样性是由山地地形的复杂性所决定的，不断变化的高差造成了建筑形体上的体量和高差的变化，为了消化这些高差，山地建筑中不可避免地出现许多由踏步和坡道所组成的竖向交通空间，这些交通空间经过建筑师的精心布置，灵活分布在建筑的室内外，营造出丰富的建筑空间变化和充满趣味性的建筑形态。 2 所示为2011年建成的位于北京怀柔雁栖镇的篱苑书屋，建筑形体仅为一个简单的长方体，然而其所处的山地地形为建筑内部空间带来了很多变化，从图中可以看到，不同部位的剖面所反映出来的空间多样性。

1 图片来源：（英）若弗雷·H·巴克.建筑设计方略：形式的分析.王玮，张宝林，王丽娟，译.北京：中国水利水电出版社，2005.
2 图片来源：孔宇航.建筑剖切的艺术.南京：江苏人民出版社，2012.

1 埃皮扎夫罗斯古剧场

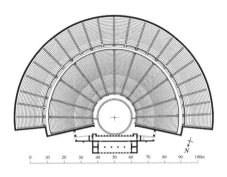

2 北京篱苑书屋

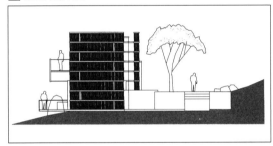
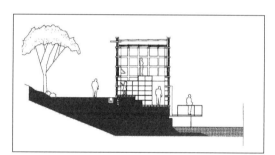
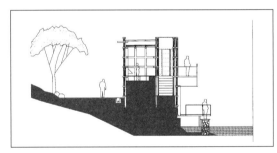
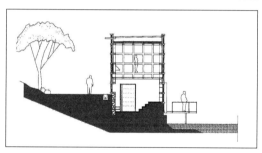
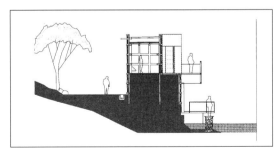
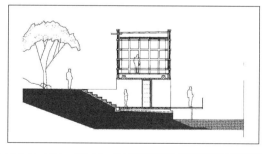

位于北京乡野的篱苑书屋，建筑形体是一个简单的长方体，但所处的山地地形使建筑的内部空间多了很多变化，从上图不同部位的剖面可以看出山地建筑空间的多样性。

2.5.2 山地建筑单体的造型设计

◉ 建筑的体量组合

1）主次分明

正如同建筑的使用空间有主次之分一样，建筑在形体组合上也是有主有次的。一座建筑往往有一个占据视觉焦点的主要形体，这个形体需要鲜明特出，以形成建筑的独特性格。而对于形体较为复杂的建筑来说，若建筑形体部分主次不分、各自为政，则会带来视觉上的混乱和失衡（如①所示）。

2）稳定与均衡

建筑造型不仅是由于结构的要求，更是使用者心理上的需求。建筑形体的均衡有对称式均衡和不对称式均衡两种，对称的建筑天然均衡（如②所示），而不对称的建筑可通过体量排布通过建筑均衡中心达到视觉上的均衡感。

3）对比与变化

建筑体量上的对比可以丰富建筑的形体。其对比主要有三个方面：方向性的对比，形状的对比，直与曲的对比。其中方向性的对比是通过改变建筑体量长宽高的比例形成变化从而形成体量上的对比；形状的对比是运用不同形状的造型与其他空间形成对比；确定而刚劲的直线与圆滑动感的曲线对比更加鲜明。

◉ 建筑的立面设计

1）比例与尺度

建筑体量长宽高的比例关系很大程度上受到建筑内部空间功能的限制，但是建筑师可以通过对室内空间的排列组合来调整建筑整体的比例关系，或通过对建筑立面装饰性的分割来达成视觉上和谐的比例效果（如③所示）。

合适的尺度反映建筑的体量感，需要充分考虑人的尺度以及相应的贴近人使用的建筑尺度，立面上过大的门、窗和装饰构件可以带来庄重、辉煌的氛围，但是远离了人的尺度，建筑师应衡量两者的关系（如④所示）。

2）窗洞的处理——虚实与凹凸

建筑立面的门窗洞口的处理是营造立面的重要环节，窗为虚，墙为实，强烈的虚实对比可以增加建筑的体积感，丰富立面的变化。

建筑的开窗受室内房间和建筑结构的制约，合理利用这种制约可以形成规律变化富有韵律感的立面，结合立面的其他要素综合处理，在规律中寻求变化，与墙面的其他洞口结合形成和谐的构图（如⑤所示）。为了进一步增强建筑的体积感，可以对立面的门窗进行凹凸的处理（如⑥所示）。

3）色彩与质感

建筑立面的色彩和材质组成了建筑表皮的肌理，形成对建筑最直接的观感。虽然现代技术允许对材料进行改造，但优秀的建筑师总是可以保留不同材料最原始的色彩和质感，通过巧妙的组合和对比创造出优美的立面。

色彩的选择一般遵循对比与协调的原则。建筑整体应该是相互协调的色系，同时结合建筑造型，在局部使用对比色形成强烈的观感，以突出重点部位，在使用时，需要注意建筑色彩与周围环境的关系，避免过于突兀。

立面材料能体现建筑性格，石材庄重严肃，木材亲切宜人，清水砖墙淡雅沉稳，不同的立面材料可以为建筑带来截然不同的造型效果。建筑表皮能带给人不同情感指示，在学习设计中需要特别地去体会（如⑦⑧所示）。

①②③④⑤⑥⑦ 图片来源：邵松.建筑立面细部创意.北京：机械工业出版社，2007.
⑧图片来源：宗轩，田玉龙.理性与浪漫的交织：当代建筑设计中对玻璃材料的操作浅析.城市建筑，2012（5）.

[1]建筑体量的主次

两个大体量建筑中的小建筑形体为整体建筑的主要入口，形体关系与功能关系上出现分离，易给人带来混乱之感。

[3]协调的比例与尺度

建筑师运用统一的比例尺度进行建筑立面虚实关系的处理，达到了较好的协调与稳定感，同时具有一定的对比变化。

[5]建筑立面的虚实与变化

在结构允许的情况下，横向连续的长窗或阳台可以在立面上形成鲜明的虚实对比，是一种常见而有效的窗洞处理方式。

[7]不同的立面材料给人不同的心理感受

[2]建筑体量的稳定与均衡

建筑为四层方形体量，建筑是运用简单的纵横线条的划分来均衡建筑的虚实体量，达到了较好的稳定感。

[4]立面上多种比例与尺寸

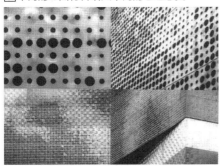

多种尺度关系并用，虽可以丰富立面造型，但易带来混乱之感。

[6]形体凹凸形成丰富的阴影变化

建筑师将主入口处退到外墙基面以内，阳台凸出，在墙面上形成凹凸变化。而让门窗突出墙体，增加不同形式的遮阳板，通过阳光的照射所产生的光影可使建筑立面更加生动。

[8]不同的玻璃表皮给人不同的情感指示

2.5.3 山地建筑的造型元素

◉ 山地建筑形体造型元素

山地建筑在造型上遵循的美学方面的原则与平地建筑是一致的：主次分明，均衡稳定，对比与微差，比例与尺度，韵律与节奏。除此之外，山地环境的特殊性为山地建筑增添了一些其他特点，在山地建筑形态的营造上有一些常用的营造元素。

（1）架空。在山地建筑中，将建筑底部或中部全部或部分架空是很常见的处理方法。山地建筑中的架空通常是为了协调建筑与山地地形，同时为建筑内部争取最佳的视野和开放平坦的空间。架空的空间使建筑更显轻盈和开放，促进了建筑与山地环境的交融（如 1 所示）。

（2）悬挑。将建筑悬挑也可以使建筑获得更加良好景观，适用于位于山地的山腰或山顶，并且体量较小的建筑（如 2 所示）。需要注意的是，山地的地质条件往往比较复杂，将建筑悬挑之前要进行充分的结构分析以保证建筑的稳定性。

（3）退台。退台既符合山地场地的特点，又可以丰富建筑的形体，同时，可以提供介于室内和室外空间的半私密半开放空间和良好视野的灵活活动场地。

在山地建筑的设计中，建筑师可以根据需要综合利用这三种造型元素。山地建筑的悬挑与架空常常同时出现，以支撑结构架起建筑。如 3 所示，由斯蒂文·霍尔设计的南京艺术与建筑博物馆就是典型例证。美国加州的架空型集合住宅中，架空、悬挑和退台三种形体处理方式同时出现（如 4 所示）。

◉ 山地建筑立面造型元素

为了追求建筑与山体的融合，建筑师往往倾向于在山地建筑的立面设计上加入与环境相关的元素，岩石、植物、色彩、肌理和质感。可以利用这些元素作为建筑材料或者立面装饰材料，也可以用其他材料来营造出相关元素的意象。

（1）岩石。岩石的成分构成极不相同的。一些岩石是很合适的建筑材料，如 5 所示，我国西藏梭坡的碉楼，就是就地取材，利用当地石材堆砌而成，既节约了建筑材料，也创造出独一无二的民居风格。不适于作为承重结构的石材，可以作为建筑立面装饰材料出现，为建筑增添地域特色（如 6 所示）。

（2）植物。茂密的植被也是山地建筑经常使用的建筑结构和立面装饰材料。作为建筑材料，木材比起砖、石和混凝土更具亲和感，利用木材作为主要维护和承重结构也常见于早期的民居建筑。现代建筑出于安全性和功能的需要，一般用木材作为饰面装饰，同时技术的进步使植物在建筑上得到更多样地运用，例如建筑的垂直绿化可以成为建筑的遮阳手段和全新的建筑表皮。对山地植被的综合利用可极大地丰富山地建筑的立面造型，同时也让建筑与山体产生联系，更好地融入山地环境之中（如 7 所示）。

（3）色彩。立面的色彩也是建筑立面设计的重要方面。不同类型的山地拥有不同的色彩，不同季节的山地也有截然不同的景色，在进行立面设计时需要根据山体的大致颜色来选择建筑的色彩，既可以是与山体协调的色调以求建筑融入环境之中，也可以是有所对比的颜色以使建筑能略微凸显于山体（如 8 9 所示）。

1 图片来源：卢元鼎，陆琦.中国民居建筑艺术.北京：中国建筑工业出版社，2010.
2 图片来源：http://www.archdaily.com
3 图片来源：http://www.archdaily.com
4 图片来源：卢济威，王海松.山地建筑设计.北京：中国建筑工业出版社，2001.
5 图片来源：卢元鼎，陆琦.中国民居建筑艺术.北京：中国建筑工业出版社，2010.
6 图片来源：（西）F·阿森西奥.世界小住宅 5：高地别墅.张国忠，译.北京：中国建筑工业出版社，1997.
7 图片来源：http://www.archdaily.com
8 图片来源：http://www.archdaily.com
9 图片来源：http://www.archdaily.com

1 建筑的架空

我国传统民居所采用的吊脚建造方法,能够较好适应山地环境,吊脚楼底部架空增加公共空间,使建筑更能融入山地的环境。

2 建筑的悬挑

通过悬挑和架空的手法处理建筑形体的变化,在山地的环境中给人以悬浮的感觉,增加建筑的视觉冲击力。

3 南京艺术博物馆

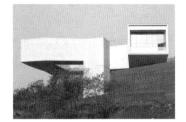

建筑的主要形体完全漂浮于山地之上,充分体现了建筑师"悬空形体"的构思理念。

4 美国加州架空型集合住宅

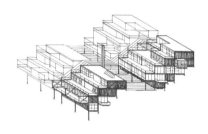

这座建筑位于坡度65%的山地上,整体造型为层层缩进的退台,部分阳台悬挑出建筑,使建筑形体更加轻巧。

5 西藏梭坡碉楼

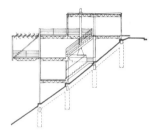

6 西班牙瓦尔德让住宅

7 西班牙阿尔姆尼卡别墅

8 建筑色彩融于山地环境

9 建筑色彩突出山地环境

2.5.4 山地建筑群体的造型设计——建筑群体的空间组织方式

● 建筑群体的空间组织方式

本书借鉴卢济威先生的《山地建筑设计》中对山地建筑空间形态的分类，对山地建筑群体的空间组织方式归类为如下五点。

1）点线结合型

线网联系型是指建筑群体之间用道路连接，这种方式适用于分布散落的建筑群体，用道路来组织空间可适用于各种类型的山地，建筑的排布比较自由，建筑单体的相对位置比较独立不受干扰（如 1 所示）。

2）踏步主轴型

通过踏步和楼梯来联系建筑，也就是以步行系统来组织建筑群体内部的交通，通过台阶踏步来连接不同标高上的建筑。这种空间组织方式最能体现山地建筑的特点，在山地建筑单体和群体设计中都很常见，适用于位于山腰上的建筑，建筑群体的联系相对紧密（如 2 所示）。

3）层台结合型

通过把山地整合成高度不通的几个平台，在平台上修建建筑，再通过踏步或者坡道联系各个平台，这种方式被称为层台结合型。层台结合型的空间组织对山地的地形改动较大，可适用于变化较为复杂的山地环境，平台的设置应该符合地形变化的特点，并注意不同高度平台之间的联系方式。如 3 所示日本东京尤加里文化幼儿园，其由多个扇形平台组成，不同高度的平台为不同的使用功能，形成层台结合的建筑形态。

4）主从空间型

在建筑群中以一个主要空间带动建筑的排布，从而形成主次分明的群体效果，即为主从空间型，这种空间组织方式适用于位于山顶或山底的盆地和山麓，建筑的排布紧密，围合感强烈。这个主要空间一般为广场或者内院，也可以是一座位于中心的建筑实体，场地内应该有一块较为平缓的用地或者经过人工处理的基面（如 4 所示）。

5）空间序列型

空间序列型既是以围院组合而成的空间序列形式，每一个围院是一组建筑单元，多个建筑单元随地形变化进行排列和组合，形态感强烈，具有强烈的空间感染力。在中国传统建筑中十分常见，以四合院或三合院的形式展开建筑的空间序列，可以给在其中穿行的人带来延绵不绝柳暗花明的心理感受（如 5 所示）。

---

1 图片来源：卢济威，王海松 . 山地建筑设计 . 北京：中国建筑工业出版社，2001.
2 图片来源：卢济威，王海松 . 山地建筑设计 . 北京：中国建筑工业出版社，2001.
3 图片来源：卢济威，王海松 . 山地建筑设计 . 北京：中国建筑工业出版社，2001.
4 图片来源：卢济威，王海松 . 山地建筑设计 . 北京：中国建筑工业出版社，2001.
5 图片来源：卢济威，王海松 . 山地建筑设计 . 北京：中国建筑工业出版社，2001.

1 点线结合型组织方式

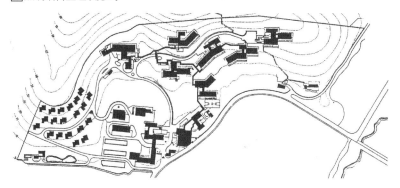

无锡新疆石油工人太湖疗养院就是典型的点线结合的空间骨架，建筑散落在山地中，以车行道路相连，部分主要建筑由一条步行长廊连接，为步行者提供了便利。

2 踏步主轴型组织方式

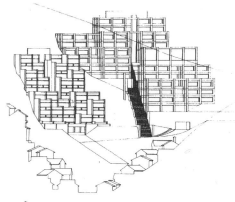

日本六甲山集合住宅二期工程，整座建筑的主要轴线为室外台阶和自动扶梯，使用者由此轴线分流到建筑的各个楼层，这条轴线既是建筑最主要的竖向交通空间，也是建筑立面重要的造型元素。

3 层台结合型组织方式

日本东京尤加里文化幼儿园由多个扇形平台组成，不同高度的平台为不同的使用功能，在整合山地高差的同时区分了不同年龄儿童的活动空间，平台之间通过踏步相连。

4 主从空间型组织方式

美国夕照山公园建筑群是一座辐射式平面布局的建筑，同时也符合空间主从型的空间组织方式，建筑的核心是位于山顶的市政中心，由中心向周围伸出不同的生活单元，随地势跌落。

5 空间序列型组织方式

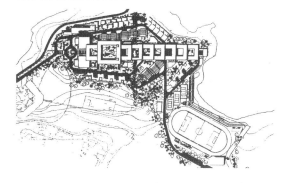

澳门东亚大学的教学楼以中国传统的三合院式布局为建筑的单元形式，沿山坡层层跌落，建筑秩序感强烈，并形成多个内院，为师生提供了活动和交流的空间。

2.5.4 山地建筑群体的造型设计——建筑群体中各个单位的组织方式

◉ 建筑群体中各个单体的组织方式

1）通过对称形式进行组织

将建筑群对称布置是一种历史悠久的建筑群体组织方式，在世界各地的历史建筑中都可以看到对称式布局。用对称的形式布局既可以让不同建筑之间产生空间上的联系，还可以形成庄重统一的空间效果，是一种常见的整合建筑群的方式，适用于各种类型的建筑，更常见于博物馆和政府办公楼等重要的大型公共建筑群。中国古建筑群很多都是利用对称的方式进行形体组合的，建筑群平面的对称轴突出，秩序感和统一感强烈（如 1 所示）。

2）通过轴线引导进行组织

建筑群所在的场地通常不会那么完整，而是受周围道路和环境影响的不规则地块，建立建筑群的秩序感可以通过轴线的引导和转折完成。轴线可以通过场地条件，如建筑的朝向、人群的流动、道路的走向等来确定，再根据轴线进行建筑的排布，形成一个完整而有秩序的建筑空间。在根据轴线排布建筑时，应特别注意轴线交叉和转折的空间，这些关键点处理得当可以得到富有趣味性的空间，并成为空间亮点所在（如 2 所示）。

3）通过向心性进行组织

建筑围绕一个或几个中心布置，不管这个中心是否为真实存在的实体，都可以使建筑群产生向心性和凝聚感，从而使建筑相互之间产生联系，形成有机统一的整体，而这个被围绕的中心，也由此获得强烈的围合感。

以向心性组织建筑群体的方式在欧洲的各种广场空间周围特别常见，围绕着广场的建筑被广场紧紧"吸引"，广场被建筑包围，周围的建筑与广场形成了一个整体，也形成了城市独特的机理和趣味性的空间。意大利锡耶纳的坎波广场位于几座山丘汇合处的山坎上，广场周围被建筑包围，广场既是城市的最低点，也是城市的中心点。如 3 所示，日本东京尤加里文化幼儿园，由若干个扇形平台组成，扇形平台围绕着一段圆弧展开，形成了建筑群的向心感。

4）通过相似形体进行组织

建筑群体采用相同的形体可以很容易的获得统一的意象，但完全相同的建筑群体难免让人感觉单调和乏味。通过相似形体进行组织，其本质是在建筑多个形体上谋求一个共同点，这个共同点可以是相似的几何形状，而大小和细节不同；也可以是一样的屋顶形式，而高度和立面不同；还可以是一样的结构形式或立面肌理，而形体和规模不同只要在建筑群的每个单体中有一个贯穿全部的元素，就可以让这个建筑群具有统一与和谐感。

如 4 所示的日本丰田马鞍湖纪念馆的两个建筑体量并不完全形同，但两座建筑的形体都是由三角形为基本元素进行组织的，在此基础之上对建筑形体作出局部的添加和挖空，使建筑造型更加丰富的同时保持一定的整体感。

1 图片来源：彭一刚.建筑空间组合论（2版）.北京：中国建筑工业出版社，1998.
2 图片来源：彭一刚.建筑空间组合论（2版）.北京：中国建筑工业出版社，1998.
3 图片来源：卢济威，王海松.山地建筑设计.北京：中国建筑工业出版社，2001.
4 图片来源：卢济威，王海松.山地建筑设计.北京：中国建筑工业出版社，2001.

1 通过对称形式进行组织

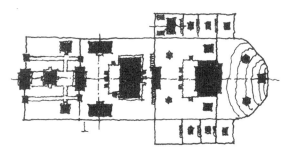

中国古代建筑群常以对称的形式进行排列，形成较强的序列感，给人以庄重威严的感觉，形成鲜明统一的空间。

2 通过轴线引导进行组织

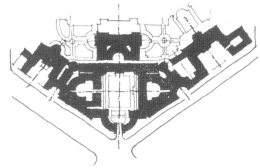

通过几条轴线引导建筑序列空间，将庭院以及建筑串联起来，并在转角等空间节点创造出趣味的公共空间。

3 通过向心性进行组织

建筑由多个扇形体量组成，围绕着中心广场展开空间序列，形成较强的向心感，增强了建筑的围合感，有益于形成建筑的统一的空间感受。

4 通过相似形体进行组织

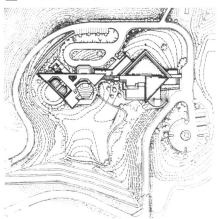

建筑的两个体量由三角形的原型进行切割增补，使其产生变化，形成不同的建筑形态，但由于其原型相近，因此建筑在多样变化的同时有较强的统一感。

案例　建筑形态设计

入口透视图

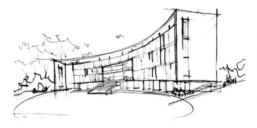

设　计　者：陆力行
建筑功能：山地中学

　　设计方案采用了曲线的建筑形体来迎合山地的等高线，自由的曲线可以让建筑与地形更好地融合，同时为建筑形体带来流动感。设计者将建筑分成三块主要的体量，单体之间的空间设置成学生的活动场地，并通过连廊相接。

　　建筑立面的处理简洁而得体，以大片白墙和窗户的对比来营造建筑的立面效果，建筑曲线式的外形给立面带来了自然的韵律。

概念生成图

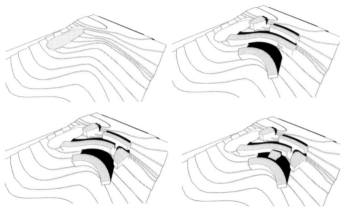

模型局部透视图

立面图

模型鸟瞰图

案例　建筑形态设计

模型鸟瞰图

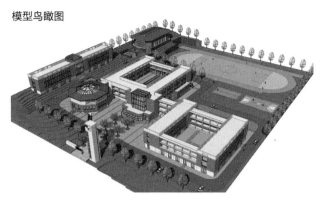

设 计 者：石建良
建筑功能：山地中学

本设计方案的建筑形体较为简单，以两个合院式建筑为主体教学楼，再辅以其他形式的建筑单体，这种空间组织方式在学校建筑中十分常见。

虽然形体简单，但是建筑的立面设计却十分丰富，设计者在立面上采用了多种不同形式的窗户，并利用窗台和窗棂制造出凹凸感。透空的走廊进一步加深了建筑的体积感，建筑的立面虚实结合，这种处理方法十分值得借鉴。

入口透视图一

入口透视图二

立面图一

立面图二

立面图三

第 3 章
山地建筑课程设计
与作品评析

3.1 山地建筑课程设计目标与要求

◉ 课程设计目标

山地建筑课程设计面向的是掌握一定建筑设计理论基础和基本设计技能的建筑学专业学生。在进一步学习建筑设计方法与设计原理的基础上，希望能够通过这一类型建筑的学习，使学生树立建筑与环境之间需要相互协调、共融的设计理念，强调从建设基地的地域、人文、自然、城市环境特点出发进行设计，引导学生尊重环境、尊重生活。

山地建筑课程设计教学中，着重增强学生对于山地现有环境、山地地形的认识与了解，基本采用真实的山地环境作为课程设计的基地，具体的设计任务则是任课教师根据具体的教学目标及教学要求来设置。目前，山地建筑课程设计的设计任务有山地旅游旅馆建筑设计、山地中小学校建筑设计等。

山地建筑课程设计具体教学目标有以下四点。

（1）强调山地建筑与山地环境协调适应的重要性，树立与自然环境和谐共融的设计观；

（2）掌握山地建筑设计的基本原理，继续学习有关功能分区、空间组织、建筑造型等基本设计方法；

（3）突出学习山地建筑在交通组织、空间形态、接地形式、形体表现与景观方面的特点与设计方法，掌握山地建筑与山地地形间的基本处理方式；

（4）提高设计完善的能力，加强设计表达能力及计算机辅助设计能力。

◉ 课程设计要求

课程要求通过具体设计任务的操作，学习和掌握现代山地建筑的设计规律，特别是山地建筑中处理建筑与基地关系的基本方法；继续加强具体设计任务中所涉及的功能分区、交通流线组织、空间形态组织等设基础设计概念与设计方法；提高在场地布置与竖向设计、垂直交通与消防设计、建筑结构与设备等方面的综合处理能力；掌握山地建筑的群体造型处理方法，特别注意处理好建筑与地形的关系，加强在建筑空间处理方面的设计手法的学习，强调不同建筑形体之间的组合关系以及对建筑造型中设计手法、建筑风格的合理运用。

在建筑设计及其原理整体课程设置中，将山地建筑课程的具体设计目标定位在中型公共建筑的设计，建筑面积一般在 3 000~5 000m²，建筑层数不高于 4 层，建筑中的主要功能空间，如旅馆客房、中小学校教室等空间规整、功能要求明确，易于在设计中学习单元重复空间的功能组织与建筑形态处理的方法与技巧。在课程设计的推进过程中，需要依据现实的山地地形与环境条件，对建筑功能空间与建筑形态进行设计，在满足不同功能空间使用需求、交通流线组织通畅的基础上，注重建筑空间组织方法、建筑空间形态的学习，突出建筑与山地复杂地形的协调与适应。

具体的课程设计要求如下。

（1）循序渐进完成设计的全过程，养成良好的设计工作习惯；

（2）继续加强建筑快题设计训练，强调徒手草图绘制方案的能力；

（3）组织学生集体评图，引导学生进行多方案比较，增强方案的比较能力；

（4）学习山地地形中场地设计方法，紧密结合地形、地貌和周围环境进行总体设计；

（5）着重加强单元重复空间组合方法及特点的讲述，强调设计中建筑平面功能组织的合理性，做到分区明确、布局合理、流线通畅、结构关系正确；

（6）注意建筑与山地地形关系，强调建筑能与山地起伏地形紧密结合，建筑与山地地形的接地方式的合理性以及山地剖面绘制的正确性；

（7）严格按照课程设计任务书要求的成果内容出图，遵守图纸比例要求，培养图纸的完善能力。

课程设计阶段成果：熟悉了解设计地形及总体设计构思

　　对设计地形的了解与熟悉是具体设计的基础。对于山地建筑设计来说，山地地形条件的复杂性会为设计带来较大难度。而在熟悉地形时，除了要了解地形地貌、道路交通情况等常规的用地条件情况，对于山地地形高差条件为设计带来的总体设计中的问题需要充分认识。通常实体模型是帮助初学者建立山地场地空间关系概念的最有效的辅助方法。

地块三　实体地形模型与地形整理

制作比例：1:1000　　　　设计：沈晶冰
制作材料：硬纸板

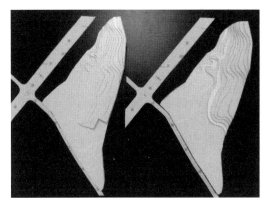

地块一　实体地形与建筑形体模型

制作比例：1:1000　　　　设计：李彬楠
制作材料：硬纸板、硬泡沫塑料

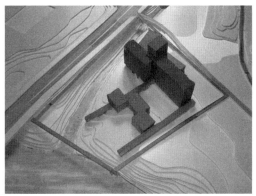

地块三　总体设计草图

通过对地形的整理，设计者将原有地形中高差剧烈变化的陡坡整理为具有自然曲线与高差变化的山坡地形，并将大部分建筑主题放置在坡度较为平缓的地形中，不失为一种较为便利的总体处理方法。

地块一　总体设计草图

建立实体模型，有助于对山地地形与建筑体量关系形成直观的认识。模型中，设计者将建筑主体布置在等高线较高处，建筑获得较好视野的同时，高低两部分形体高度差距过大，形成较强视觉压力。

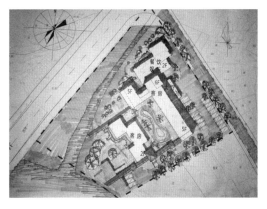

3.2 山地建筑课程设计实践——熟悉设计地形、总体设计构思

在实际设计项目中，建筑设计工作更需要设计师整体考虑设计任务的要求、使用空间的功能需求、建筑形态与功能的合理性、使用者的心理需求等多方面的问题，它是一个连续的、完整的、相互制约的、完整动态的设计过程。

与建筑设计实践过程中的设计方式不同的是，在设计课程中，需要采用分阶段的教学方式，学生在不同的设计阶段需要考虑的不同的设计问题，但是在教学的推进过程中，需要树立动态、持续和完整的设计观。完全将设计割裂地来看待，则无法也不会产生好的设计。

● **熟悉设计地形**

（1）熟悉任务书，根据建筑类型要求查找相关设计资料，掌握类型建筑相关功能及设计要求；

（2）实地参观同类型建筑，对建筑的空间环境、功能布局、人员使用等有切实的亲身感受，有助于设计的开展；

（3）学习阅读相关山地建筑设计资料，学习山地建筑设计及其原理；

（4）阅读任务书，了解设计任务所在的城市、地区的城市文化、传统风俗、建筑风格等，了解山地地形的地理地质、地形地貌、水文气候等自然环境条件，为设计任务的开展准备基础资料；

（5）结合以上学习及阅读书写参观或读书报告。

● **总体设计构思**

（1）紧密结合地形、地貌和周围环境进行总体设计，从多角度、多方位进行设计构思；

（2）分析山地地形条件，根据交通、场地高差条件确定基地与建筑出入口位置及标高，确定建筑在总平面中的朝向及位置关系；

（3）进行山地地形条件，进行总体场地设计，进行车行流线、人行流线的设计，并确定不同场地的标高；

（4）由建筑构思确定建筑形态，进行建筑功能分析，着手建筑功能布局；

（5）集体评图，引导学生进行多方案比较，增强方案的比较能力。

课程设计阶段成果：总体构思及设计方案推进（地块二）

设计者：席铭

在熟悉各功能房用的使用要求、空间特点以及各功能用房之间的基础上，对建筑功能空间进行合理的功能分区组织及建筑内部的各种流线的排布。但设计方案并不是一蹴而就的，需要在不断深入思考的过程中适时、适当地调整，因此设计方案推进是一个动态的、持续的过程。而在设计在推进的过程中，需要从整体上来把握，而不陷于局部，在设计调整时，相互之间是一个协调、互动的修改推进过程。

方案 1

初步构思中，宾馆大堂、餐饮、娱乐、服务及宾馆客房各自为政，未能形成较为完整的公共活动空间与完整的建筑形态感。

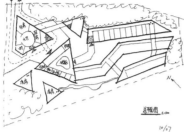

方案 2

在进一步的设计修正中，设计者将娱乐、餐饮空间相对集中，并形成一定的建筑主入口空间，形态得到优化，但公共交通联系仍不够通畅。

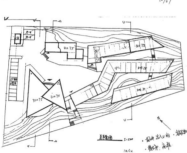

方案 3

在进一步的设计修正中，设计者将娱乐、餐饮空间相对集中，并形成一定的建筑主入口空间，形态得到优化，但公共交通联系仍不够通畅。

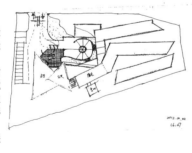

方案 4

在接下来的设计修正中，设计者将宾馆堂、娱乐、餐饮、辅助空间与客房部分组织为一个整体，公共交通得到改善，并形成较为完整的主入口形象。

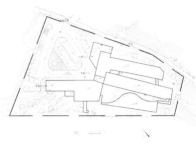

平面中，几个功能块相互之间联系较为紧密，但空间上较为平铺直叙，缺少空间的转折与起伏关系的处理。

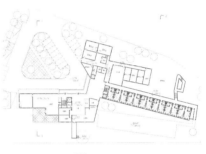

形体方面，由于平面功能的紧凑与空间呆板，在形体的处理上相互之间也并不够协调，缺乏一定的动态感。

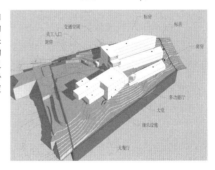

方案 5

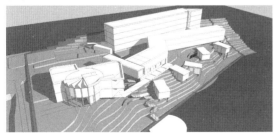
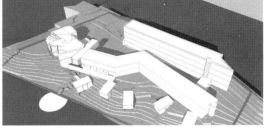

最终确定深化完善的方案。设计者修正了最初方案中建筑功能空间不能有效沟通、连接的问题，同时优化了方案推进过程中建筑形态的动态感，使最初的构想得到了延伸。

3.2 山地建筑课程设计实践——深化设计、设计完善

◉ 深化设计

1）平面设计

（1）熟悉各功能用房的使用情况、所需面积、空间特点及各功能用房之间的关系，对设计对象进行功能分区；

（2）合理组织建筑内部的人流流线及消防疏散楼梯，对门厅、大堂、中庭、内院等公共空间进行重点设计；

（3）分析不同类型建筑不同空间特点，将生理、心理、行为学渗透于设计之中，注重山地建筑空间环境的塑造；

（4）功能分析与平面功能分区，交通流线组织形式研究，平面功能深入设计，注意建筑功能与建筑空间形态的关系；

（5）确定结构布置方式，根据功能及技术要求确定开间和进深尺寸，通过设计了解建筑设计与结构布置关系；

（6）对教室、宾馆客房等建筑重复空间的空间与形态进行推敲，加强分析空间、组合空间的能力。

2）剖面设计

（1）认识山地建筑剖面不定基面的特点，发挥山地地形优势，使建筑在室内外的空间层次上呈现多样性；

（2）注意处理建筑不同层次出入口与山地地形的关系，特别是建筑主入口与山地地形的标高关系，应能与地形条件相符合，不过多地填挖方；

（3）对建筑接地形式进行探讨，结合建筑平面布局选择与山地地形条件相适应的建筑剖面接地形式，注意建筑基面的绘制方法；

（4）正确绘制山地建筑剖面，正确表达建筑与山地地形关系、建筑空间与结构关系等。

3）形态设计

（1）建筑形象符合建筑性格和地域文化要求，能反映建筑性格与文化特点；

（2）建筑物的体量组合符合功能要求，主次关系不违反基本构图规律，反复进行建筑体量的推敲与对比；

（3）对建筑立面深化设计，探讨建筑立面的比例、尺度、虚实关系，推敲建筑界面的色彩与质感；

（4）正确绘制山地建筑立面，正确表达建筑与山地地形关系。

◉ 设计完善

1）设计评图

（1）组织集体评图，自主介绍设计方案，设置设计问答环节，进行方案的评价与自我评价；

（2）进行多方案比较，增强方案的批评能力；

（3）整理设计思路，强化设计分析图纸的绘制能力。

2）正草图绘制

（1）重新阅读任务书，计算房间使用面积和建筑总面积，充分满足设计各项要求；

（2）按照正图要求，按比例正确表达设计没有差错，无平立剖不符之处；

（3）图纸排版及版面设计，按照正图的图纸大小要求，每套图纸须有统一图名，并进行版面设计。

课程设计阶段成果：设计深化及完善（地块一）

设计者：冯雄敏

在建筑设计中，只有合理的功能分区、良好的交通动线与形体组织关系是远远不够的。建筑设计工作是一项细致入微的工作，其既具有创造性的艺术内涵，也同时具有严密的科学内涵，而有时其科学性、准确性与正确性又显得尤为重要。在设计完善过程中，需要花费大量的时间并正确绘制来达到设计的准确性与规范性，而这往往会耗费掉设计者的设计热情，作为设计初学者，需要不断鼓足勇气能将设计深入下去。

总平面深化设计

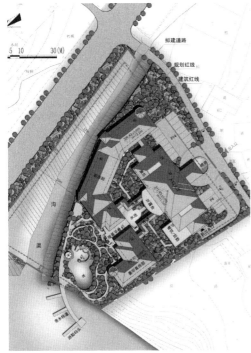

景观环境深化设计

底层平面深化设计

二层平面深化设计

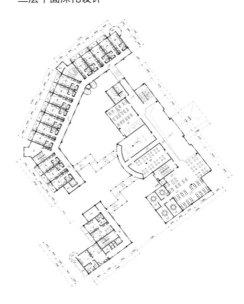

3.2 山地建筑课程设计实践——提交正图

◉ **提交正图**

对学期设计进行综合考评。

1）图纸规格

（1）图纸尺寸：A1 不透明纸，594mm×840mm；

（2）每套图纸须有统一的图名和图号，书写设计人姓名、学号，与指导教师姓名。

2）图纸内容

（1）设计说明，所有字应用仿宋字或方块字整齐书写，禁用手写体设计构思说明。

（2）技术经济指标：包括总建筑面积、总用地面积、建筑密度、建筑容积率、绿化率、建筑高度等指标。

（3）总平面图：

- 比例 1:500；
- 绘出准确的屋顶平面并注明层数，注明各建筑出入口的性质和位置；
- 绘制详细的室外环境布置（包括道路、入口广场、活动场地、绿化小品等），正确表现建筑环境与道路的交接关系；
- 绘出场地竖向高程设计，标注场地设计标高，并表达原有地形等高线；
- 绘制指北针。

（4）各层平面图：

- 比例 1:200；
- 应注明各房间名称，首层平面图应表现局部室外环境、地形等高线须表达，绘制剖切符号；
- 各层平面均应标注地面标高，同层中有高差变化时须注明。

（5）主要立面图：

- 比例 1:200；
- 至少一个应看到主入口，制图要求区分粗细线来表达建筑立面各部分的关系；
- 平面、立面、模型之间必须相互对应；
- 正确绘制新建建筑与山地地形之间的关系，反映建筑剖面接地状况；
- 应选在具有代表性之处，应注明室内外、各楼地面及檐口标高；
- 正确表达建筑内部空间情况，反映正确结构关系。

（6）单元平面放大图：

- 比例 1:50；
- 两道尺寸线及详细家具布置。

（7）表现图（应为彩色，表现方式不限）：

- 多个不同角度建筑形态的分析模型图，能反映建筑空间的组织情况；
- 一个主要透视，应看到主入口；
- 表现图须结合排版布置于图纸。

课程设计阶段成果：正草图设计与提交成图

设计者：叶凯

　　当经过艰苦的设计之路，花费大量的时间来修正与优化设计后，接下来需要对课程设计进行最后的完善来达到提交正图的要求。在正图中，除了要按照设计任务要求按比例的排版设计图纸外，还需要在正图中尽可能地表达设计者的设计意图，以提高评阅者对设计的认知度。

　　因此适当的设计分析与恰当的色彩表达显得尤为重要。

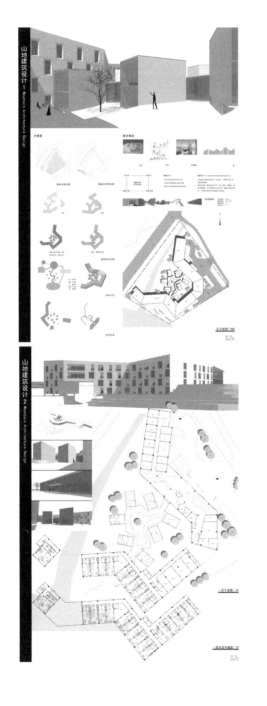

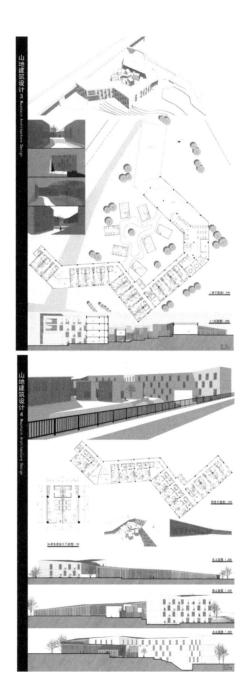

3.3 山地建筑课程设计作品评析

设计任务一　山地小学建筑设计

◉ **设计内容**

南方某山区县政府为提高山区学生的教学质量，拟建一所重点小学，规模为每年级 4 班计 18 个班，每班限学生 40 名，学生人数不超过 750 名。学校建设基地面积约 21 000m²，拟建建筑面积 5 500m²（上下浮动 5%）；除教学楼及配套建筑设施外，还需配备长 200m 的环行跑道运动场，其中 60m 直跑道一组（6 列总宽 6.25m）；集中绿化或自然科学种植园 550m²。建筑物各退红线 3m 以上，并考虑设置小型机动车停车场。

◉ **主要建筑面积分配**

（1）普通教室：每班 45 人，56m² × 18 间（6.6m 进深 × 8.4m 开间）。

（2）公共教室：

计算机房：80m² × 4 间，管理室：30m²；

自然教室：80m² × 2 间，准备室：30m²；

音乐教室：80m² × 2 间，教师办公：30m²；

美术教室：80m² × 2 间，教师办公及道具：30m²；

语言教室：80m² × 2 间，教师办公：30m²；

阶梯教室：坐席数 150 座，150m² × 1 间；库房：16m²；

图书阅览室：教师阅览室：60m²；学生阅览室：140m²；

管理室：16m²；库房：16m²。

（3）办公部分：

年级教师办公室：24m² × 3 间 × 6 个年级（随教学单元布置）；

行政办公室：24m² × 6 间，会议室：50m²。

（4）后勤部分：

教师餐厅、学生餐厅、厨房 共 400m²；

配电间：30m²，修理间：30m²。

（5）体育运动设施：

面积：360m²，平面尺寸不小于：5m × 24m，净高：6m；

体育器材室：30m²，体育办公室：30m²；

男、女更衣室、淋浴、厕所：20m² × 2 间。

（6）走廊、楼梯、厕所、开水炉等根据方案自行设计。

◉ **设计周期**

设计周期为 16 周。

◉ **成果要求**

设计成果要求见 3.2 节。

地形图

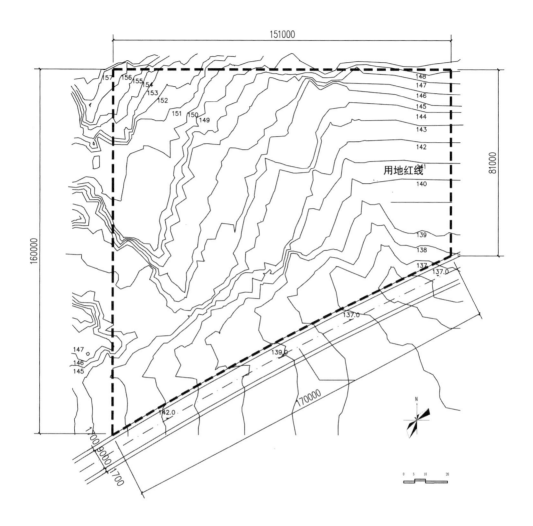

地形分析

地形条件：设计基地为不规则形态基地，基地内北高南低，高差接近 10m，基地南北向坡度约为 10%，需要适当平整场地，以利用建筑的空间布局。

交通条件：地块南侧贴临唯一一条过境道路，因此校区人行及车行出入口、主次出入口均需开在此主要道路上，设计中需要注意处理人行、车行出入口关系，并注意出入口与道路的高差衔接。

设计分析：小学校内需要设置一定的活动场地，因此在本基地中，宜利用西部较为平坦的场地作为学校活动场地的选址，而且可依托其在周围的缓坡基地作为建筑选址，这样的场地设计有利于减少施工难度以及土方量，但也要处理好活动场地与建筑的关系，注意流线上的干扰与整合，以及动静分区。在做场地规划中，还要注意机动车流线的设计，同样宜选择坡度较缓的地形作为机动车道路，注意避开较陡的山地。

设计任务一作品评析：山地小学建筑设计

设计者：朱浩洁　　指导老师：庄俊倩

效果图

根据山地北低南高的地形条件，设计者将学校建筑主体沿等高线平行布置，依山势而建以减少土方工程量，空间形态上运用体块相互穿插，将造型的虚实变化与山地高低起伏形态相融合，较好地突出了山地建筑依山就势的特点。不同体量的建筑空间相互穿插，自然形成了多个开放及半开放空间，与内部教学围合空间相映成趣，使学生在学习的过程中能够体会到不同性格的空间环境特点，并增加教学空间的辨识度及趣味性。

在学校主要入口的处理上，形成了较为开敞的校园集散广场，学生们可通过广场拾级而上，增加了小学校园的趣味性，造型上结合楼梯及阶梯教室的设置，突出教学楼主要入口，形成较为完整的学校形象。建筑色彩上，采用暖色作为主色调，使建筑从外观气质上体现小学校建筑活泼、丰富的性格特点。

总平面图

流线分析　　**季风分析**　　　**正东视角鸟瞰图**　　　**西北视角鸟瞰图**

 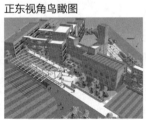 

透视图

效果图　　　　底层平面图

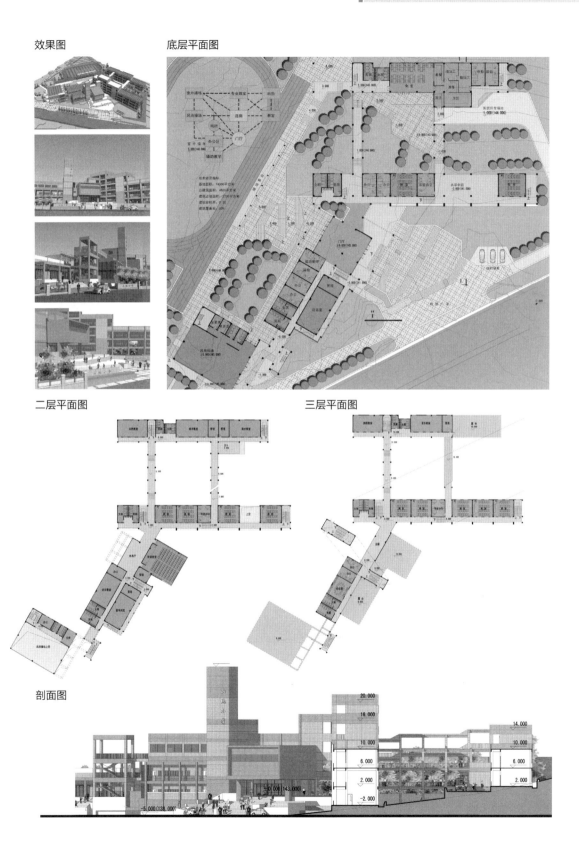

二层平面图　　　　　　　　　　　三层平面图

剖面图

设计任务—作品评析：山地小学建筑设计

设计者：傅国雄　指导老师：谢建军

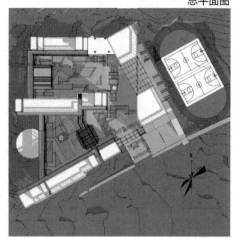

总平面图

　　设计者运用多种几何图形的叠加衍变来创造、勾勒出富有逻辑的校园空间轮廓，旨在启迪更多的孩子拓展思维、迸发创意的火花。设计中以"自然科学种植园"替代内庭院的传统绿化，希望通过这一设置，能为孩子们提供与自然亲近、增强活力，相互间加强交流、沟通的开放式平台，构建轻松、快乐的学习氛围。结合山地地形的高低起伏，教学空间布置的错落有致，由教学空间与活动空间围合形成供孩子们活动的两个内庭院。随着山势的逐渐升高，在内庭院中设置供学生玩要的踏步、小看台，以及花台绿化等，空间丰富多彩，尺度亲切宜人，庭院作为联系四周的教学用房的核心，成为整个校园内最具活力的中心。建筑立面设计能反映学校建筑特点，但造型手法稍显稚嫩。

区域空间

空间结构

人流分析

区域铺地

底层平面图

139.00

分析图

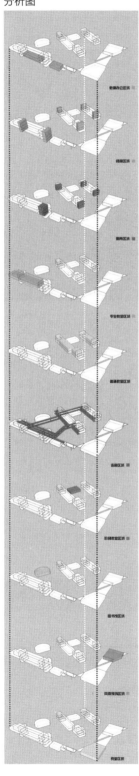

模型鸟瞰效果图

二层平面图

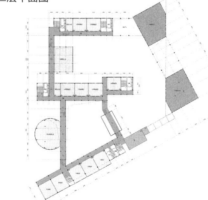

局部三层及屋顶层平面图

局部效果图

设计任务一作品评析：山地小学建筑设计

设计者：于润泽　　指导老师：邓靖

总平面图

总平面图

设计者从学校建筑形体与场地现状结合再改造的关系入手，希望将建筑的外在形式、内部组织结构与山地地形形态有机结合。在总体布局中，设计者首先进行土方量的平衡计算，经过多次对比和计算，确定将250m跑道运动场布置在场地的最南面、靠近公路的一侧，以保证土方量的大致平衡。原有山地为由北向南依次跌落的山坡，为向阳坡，日照条件及小气候条件都十分适宜于学校建筑，为了保持地貌，尽量保持地表原有的地形和植被，设计者采用融入的手法，将大体量的建筑体打散变碎、化整为零分散布置，将各教学单元打散结合其他配套用房形成建筑组群。建筑形态以山势为依托，拔起局部高度，突出形体感，并利用教学楼间的原有山势，布置了一层大型活动平台供学生活动用，既解决了起伏地形之间的交通联系，又提供了丰富的公共活动空间。建筑造型采用暖色调，简洁明快，连廊与平台的设置为造型带来了活跃元素，校园整体雪景鸟瞰图较好烘托了设计氛围，突出体现起伏的建筑形态，是最终成图的亮点。

效果图

空间分析图

立面图

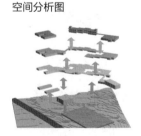

沿街立面图

剖面图

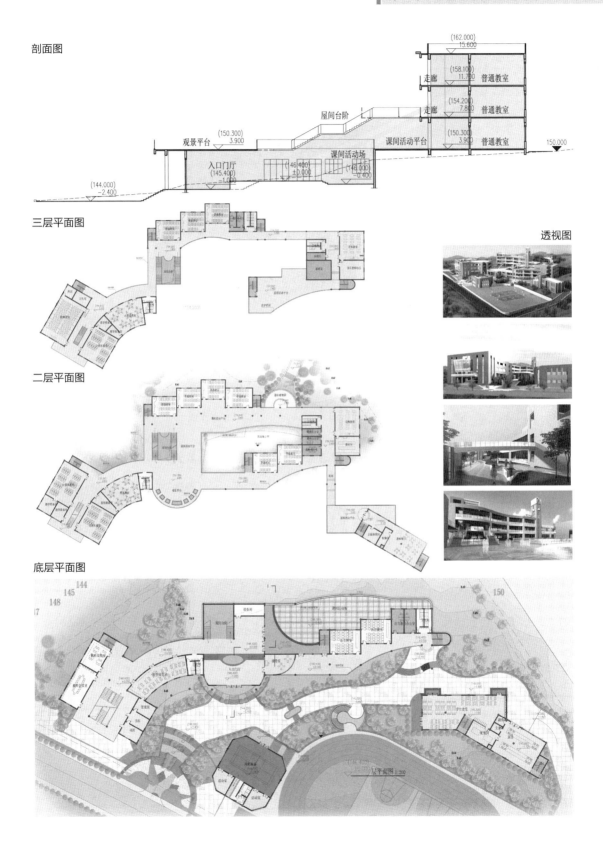

三层平面图

二层平面图

底层平面图

透视图

设计任务—作品评析：山地小学建筑设计

设计者：唐静燕　指导老师：庄俊倩

整体鸟瞰图

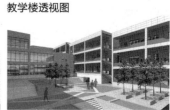

　　设计者依据由东向西逐渐升高自然地势进行校园总体布局，建筑走向与地形等高线基本垂直，因此在建筑平面布局中需要着重解决建筑横跨较多等高线带来的高差问题。设计者从小学生充满童趣、喜爱活动的心理特征出发，结合地形高度，将教室、走廊、室外活动庭院设置在不用的标高层面上，形成了富有活力的建筑空间形象。建筑整体布局采用了网格化的布局方法，轴线关系清楚，大台阶形成主入口，形象明确，教学楼的入口处设置玻璃高塔，成为学校的标志性建筑物，教学楼之间满足25m间距要求。交通流线上，由于山地建筑各种因素的考虑，校内以步行流线为主，根据山势走向设置楼梯与踏步，在学校入口的一侧开设一条校区内道路，主要供后勤运输和教师停车之用，在入口另一侧设置一定数量的停车位，供家长接送小孩停车之用。立面造型上，建筑材料以灰色石材为主，采用白色涂料加以点缀，体现出小学建筑的活泼性。教学楼形态依据等高线形成错落式造型充满活力。风雨操场采用大面积玻璃幕墙与铝板相结合，形态与教学楼形态相协调而并不显得体量过大。整个设计中规中矩，能较好地解决建筑与地形、平面功能布局、建筑形态造型等方面的问题。

技术楼透视图　　　　教学楼透视图

入口透视图

南立面图

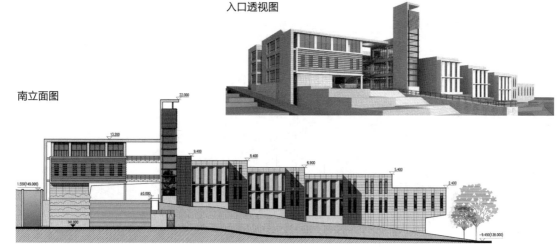

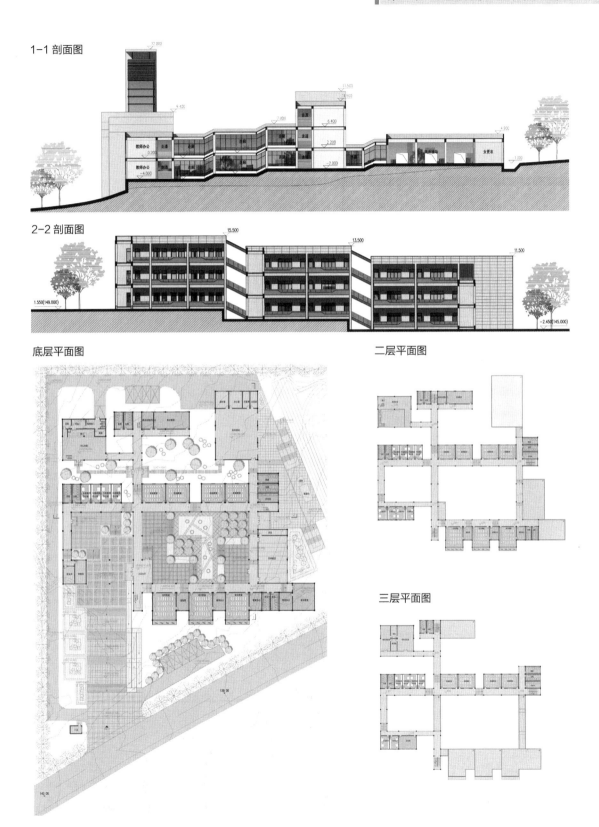

1-1 剖面图

2-2 剖面图

底层平面图

二层平面图

三层平面图

设计任务二 山地中学校园规划与建筑设计

⊙ **设计内容**

为提高山区学生的教学质量，某南方山城拟建一所实验示范初级中学，规模为每年级4班，总计16个班级，学生人数共计800名。基地面积24 000m²，拟建建筑总面积11 000m²（上下浮动5%）；除教学楼及配套建筑设施外，还需配备长250m环行跑道运动场（4列跑道总宽5m）及主席台；设标准篮、排球场各1个；集中绿化或自然科学种植园1 000m²。要求建筑物各向退红线3m以上，并考虑设置机动车停放。

⊙ **主要建筑面积要求**

1）教学部分

（1）普通教室：每教学班50人，65m²×16间；

教室轴线尺寸：7.2m进深×9.0m开间。

（2）公共教室：计算机房：90m²×3间，管理室30m²；

物理实验室：90m²×1间，准备室30m²；化学实验室：90m²×1间，准备室30m²；

生物实验室：90m²×1间，准备室30m²；实验演示室：65m²；

音乐教室：90m²×1间，教师办公30m²；

美术教室：90m²×2间，教师办公及道具30m²；

语音教室：90m²×2间，教师办公30m²；

阶梯教室：坐席数：200座，220m²×1间；库房：16m²；

图书阅览室：教师阅览室：30m²；学生阅览室：100m²；开敞书库65m²；

管理：16m²；库房：16m²。

（3）体育运动用房：

室内体育馆：660m²（20m×33m，净高8m）；

男女更衣室：15m²×2间；淋浴、厕所：15m²×2间；

器材室：30m²；体育办公室：30m²。

2）办公部分

年级教师办公室：30m²×2间×4个年级，要求随教学单元布置；

行政办公室：30m²×8间；会议室：60m²×1间；

医务室：30m²×2间。

3）后勤部分

学生食堂：学生餐厅300m²；教师餐厅50m²；厨房200m²；

设备用房：配电间：30m²×1间；修理间30m²×1间；锅炉房：100m²×1间。

4）教师及学生宿舍

建筑面积共计3000m²，仅在总平面设计进行布局规划，不进行具体建筑设计。

5）走廊、楼梯、厕所、开水炉等根据方案自行设计。

⊙ **设计周期为**

设计周期为16周。

⊙ **成果要求**

设计成果要求详见3.2节。

地形图

基地一

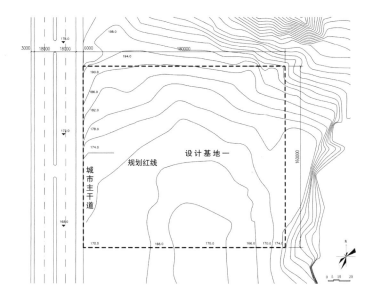

地形分析

本基地为矩形基地，地形变化较为剧烈，形成当中低南北高的地势，基地内最大高差达 16m，部分地段坡度在 15% 以上，需要结合建筑空间布局对地形进行台地处理，利用地形高度解决建筑内部高差变化。基地中南部地势较低，且地形较为平坦，可考虑作为建筑可用范围。基地西侧靠近主要道路，设计中注意主次出入口、人行与机动车出入口的位置关系。

基地二

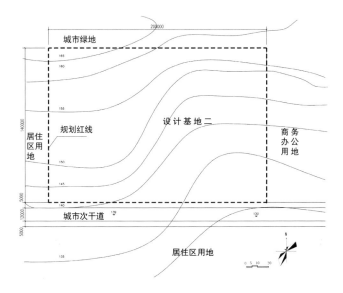

地形分析

本基地为矩形基地，基地由东南则向西北侧逐渐升高，高差达 35m，南北向地形坡度在 20% 以上，地形高度变化剧烈。设计中，特别需要将建筑空间布局与地形高度变化有机结合，降低剧烈高差变化为使用带来的疲劳感，同时创造富有特色的建筑空间。

设计任务二作品评析：山地中学校园规划与建筑设计

设计者：陆力行　　指导老师：邓靖

设计者通过对山地地形的坡度分析，将中学运动场布置在基地西侧缓坡地区，将主体建筑布置在基地西侧，并通过内院及建筑错层的处理，有效地解决了地形高差较大为设计带来的难度。设计者希望运用弧形的建筑形态进行不同层次上的空间组织，并创造灵活多变、富有朝气的教学空间。中学教学区以一个多层次的、富有个性的开放空间为中心，教学楼由一组大楼梯直通二层教学楼主入口，在由此到达其他各建筑空间，建筑主入口空间形象明确，建筑形态舒展。建筑内部通过不同楼梯与走廊的组合，形成看与被看、交流与互动的个性化空间，既可以临时集会，又可为学生提供小范围的有趣、安全的开放空间，从中可体现出本设计方案具有的设计深度。建筑的形态源于对山地地势的理解，运用三组弧形并结合地形高低形成错落的形态关系，与环境与山势相融合。建筑形态舒展，运用大玻璃与实体墙面形成虚实有致建筑立面效果，建筑整体形象协调。

设计草图

功能分区图

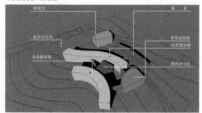

鸟瞰图

总平面图

分析图

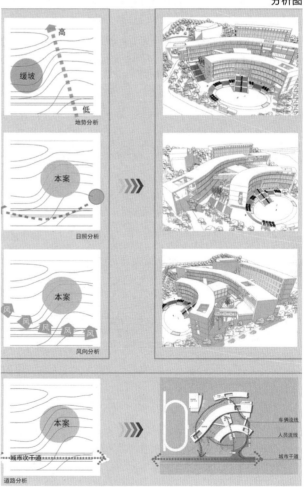

剖面图

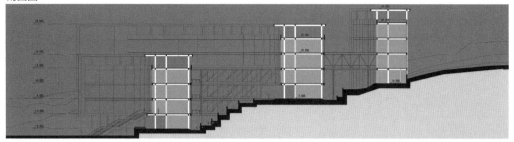

立面图

建筑形态生成图

平面图

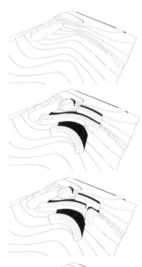

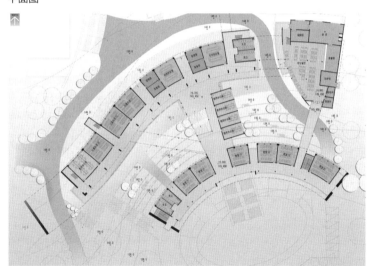

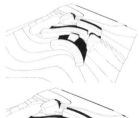

鸟瞰图

设计任务二作品评析：山地中学校园规划与建筑设计

设计者：陈伟伟　　指导老师：孙志坤

鸟瞰图

　　设计者希望通过运用建筑空间组织手法，并结合原有高低起伏的山地地形来创造丰富奇妙的空间感受，使学生在枯燥的学习过程中感受到来自建筑空间生活的轻松愉悦。建筑功能主要设置教学楼、办公楼、实验楼、室内体育馆、餐厅厨房、宿舍楼，设计者较好地处理了不同功能空间的流线交叉问题，并着力解决由于高差带来的不同空间的相互融合问题；为了顺应等高线走向以及满足教学功能建筑所需的空间轴线走向，从而形成了两套互有角度的轴线系统。设计者在设计过程中借鉴了建筑大师迈耶设计的盖蒂中心所采用的处理手法，在轴线相交处形成不同的灰空间；不同功能空间的联系主要通过中间的连廊以及分布在不同功能空间节点上的楼梯来实现，同时连廊也创造除了不同的灰空间，师生在课余能够很好地利用这些空间来学习和交流。

总平面图

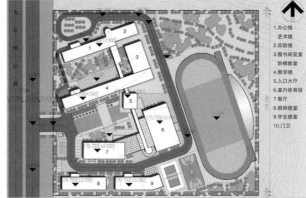

1. 办公楼　艺术楼
2. 实验楼
3. 图书阅览室　阶梯教室
4. 教学楼
5. 入口大厅
6. 室内体育馆
7. 餐厅
8. 教师寝室
9. 学生寝室
10. 门卫

剖面图

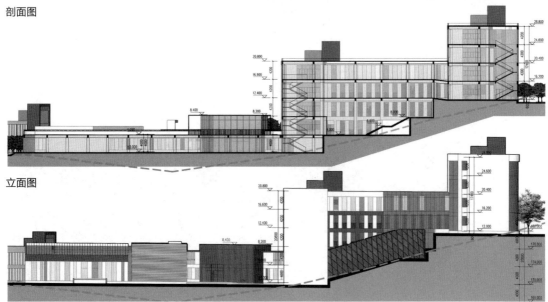

立面图

底层平面图

二层平面图

透视图

设计任务二作品评析：山地中学校园规划与建筑设计

设计者：王侃祺　　指导老师：李凌燕

多角度模型效果图

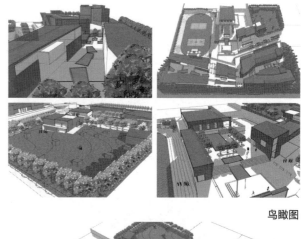

　　本方案为昆明某城镇的中学，设计在对原有基地最少破坏及扰动前提下，减少土方工程量。建筑按山地之势，考虑视线、风向、人流等方面，使建筑融汇于地形之中。建筑形态与地形起伏走势配合，顺地形之势形成两种格局：秩序与自由，紧密与松散。主要建筑功能分布在秩序的教学区，自由式的户外活动与生活实践区，学生在一松一弛、严谨与放松中感受学校的活力生活。建筑实体与等高线的契合使建筑更具自然动感，连接实体的空间虚体运用阶梯产生动态起伏感，加上落差的水景与植被使空间更加活泼多变，吸引更多学生到户外的共享空间平台交流活动。轴线采用双轴线，交通轴线与仪式轴线，地形高差最少的部分生成交通轴线，地形最低处为仪式广场，产生视觉落差的聚集效果，使视觉自然的汇聚在仪式广场。方案整体建筑感较好，建筑形态起伏、空间活泼多变、色彩丰富，能反映中学建筑特点，但设计者将较多设计精力放在设计构思与总体空间布局的完善上，在建筑单体深入设计上尚显不足，平面布局的合理性、设计的深入度与完整度、建筑结构布置等均尚待优化。

鸟瞰图

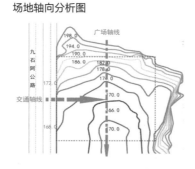

场地高程分析图　　　　**场地轴向分析图**　　　　**场地功能分析图**

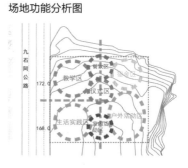

剖面图

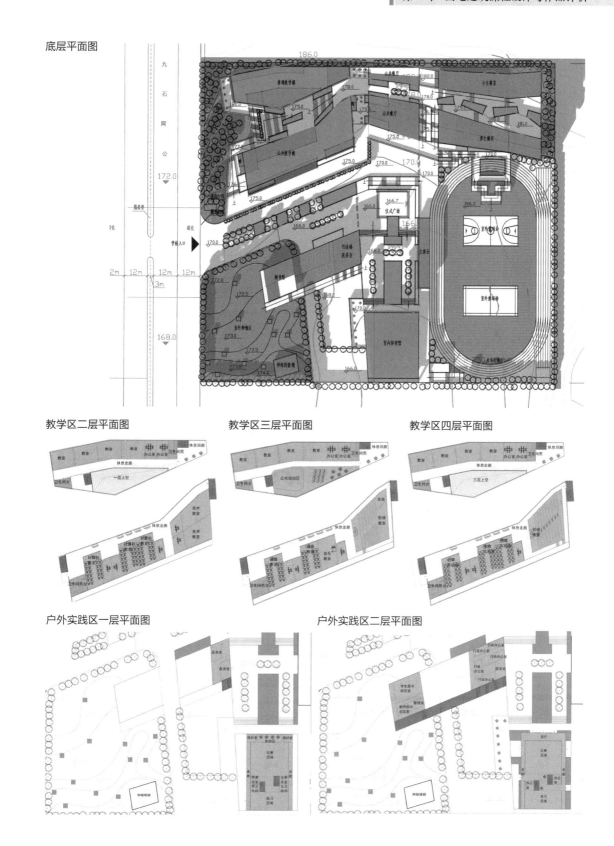

底层平面图

教学区二层平面图　　　　教学区三层平面图　　　　教学区四层平面图

户外实践区一层平面图　　　　户外实践区二层平面图

设计任务二作品评析：山地中学校园规划与建筑设计

设计者：石建良　　指导老师：李凌燕

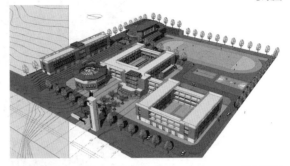

　　设计者采用围合的设计手法，以建筑为骨架、连廊为介质，将教学空间、礼仪空间、活动空间与生活空间有效地联系起来，不同的庭院空间为学生们的课余提供了丰富的休闲交流场所。建筑平行等高线布置，地形高差可以通过连廊有效地消减，弱化了地形高低变化给功能布局带来的不利。同时，"回"字形的总体布局形态易于进行平面的功能布局，本设计的功能布局合理，公共流线畅通。建筑形态的组织上，以线形为主体形态，风雨操场和食堂采用了多边形，在形态的关联性与协调性上有待探讨。设计者较为深入地探讨了建筑与山地地形高低的关系，根据不同的剖切位置研究建筑对山地地形的形态关系，因而其设计出来的这组建筑能与山地的地形较好地协调，建筑沿街形态舒展而虚实有致。

总平面图

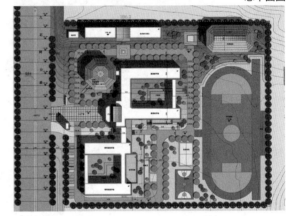

分析图

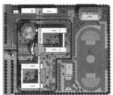

北立面图

东面图

沿街立面图

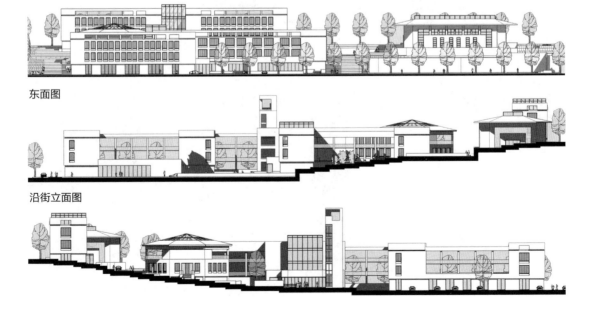

剖面图

二层平面图

剖面图

底层平面图

剖面图

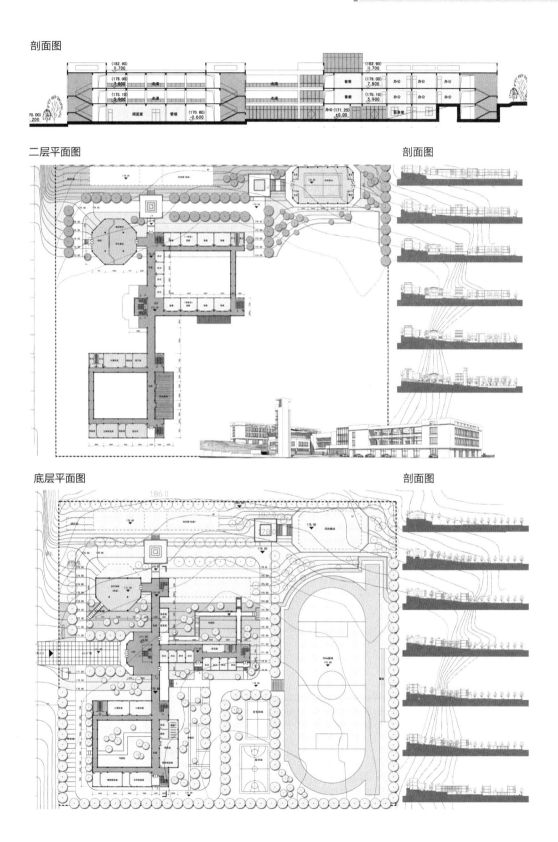

设计任务三 山地旅游度假旅馆建筑设计

⊙ **设计内容**

南方某风景旅游度假区，拟建造一座旅游度假旅馆。旅馆建设规模为48个双床间标准客房及4套双间套房，并根据需求配备相应的公共服务设施。建筑面积4 200m²（可上下浮动5%），建筑层数不超过4层，建筑风格需要适应旅游度假区整体环境相协调。基地内设置汽车停车位，要求设置至少10辆小客车与大客车1辆大客车的停车位，方便游客到达，旅馆需要设置室外休闲活动场地、网球场或室外泳池或游船码头。拟建建筑高度不超过20m，基地一拟建建筑层数不超过5层，基地二、无基地三图拟建建筑层数不超过4层。建筑退红线要求：建筑沿道路退5m，其余各边界退3m；用地建筑容积率不得大于0.3，建筑密度不得大于20%，绿地率不得小于60%。其他面积指标可参照《旅馆建筑设计规范》所规定的二/三级标准进行设计。

⊙ **主要建筑面积（包含交通面积）要求**

(1) 客房部分：约2 400m²，需要设置48间双床标准客房与4套双间套房客房，具体设置如下：

双床标准客房建筑面积不小于25m²；

以每12间客房为一个服务单元，需要设置楼层服务间1间。

(2) 公共部分：约400m²，需要结合平面布局设置如下：

门厅、大堂、大堂休息等公共休息空间；

总台服务、行包储存、公共卫生等公共服务用房。

(3) 餐饮部分：

餐厅除满足旅馆内部旅客的使用外，也可根据设计需求对外营业：

约500m²，1间大餐厅、1间小餐厅，大餐厅内可配置包房；

餐厅面积与厨房面积按照最少1：0.6的餐厨比配置。

(4) 行政部分：约200m²，供旅馆办公及服务人员使用，设置如下：

办公室：20m²×4间；后勤库房：40m²×1间；

职工宿舍：40m²×2间，男女各一间。

(5) 娱乐部分：约400m²，根据使用需求可设置：美容、酒吧、桌球、多功能厅等。

(6) 设备用房：约250m²，需要设置：

配电室：30m²；空调机房：70m²；

锅炉房：70m²；修理间30m²；

安保、消防控制室及值班室30m²。

(7) 走道、卫生等，根据使用需求设置。

⊙ **设计周期：**

设计周期为16周。

⊙ **成果要求：**

设计成果要求详见3.2节。

基地一

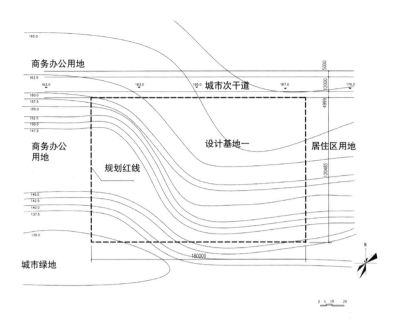

地形分析

本基地为规则矩形基地，北部靠近城市次干道，基地外北向和西向为商务办公用地，东向为居住区用地，基地内部北高南低，东南部和西部坡度较缓，中部较陡，设计中要考虑基地内部流线的安排以及动静分区对基地周边建筑的影响，也要考虑地形对建筑的影响。

基地二

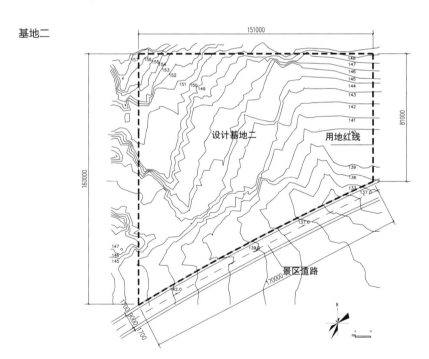

地形分析

本基地为不规则形基地，南部靠近景区道路，基地北部地形较复杂，变化较多，坡度较陡，设计中要考虑对基地的处理以及基地内部功能布局的合理性。

设计任务三作品评析：山地旅游度假旅馆建筑设计

设计人：吴登千　指导老师：宗轩

　　设计者在高低起伏的山地地形中希望采用现代设计手法，追求建筑形态的完整性与连续性，为设计带来了一定的难度。设计将两个矩形形体相互交叉、变形，组合成一个8字形的建筑形体，自然地分隔出具有不同空间特性的两个内院，内院与外界环境相互融合，将山地景观渗透进来。屋顶设计为可以参观、游览的屋顶花园，旅客可以从屋顶的任意一端走到另一端，形成连续、丰富的第五景观界面，而人在休闲散步的同时，能欣赏到整个山区的美丽风景。漫天星光的夜空，身处茂密山林间，在屋顶的躺椅上，仰望星空，以舒缓压力和缓解紧张的情绪。设计者给予自己的作品很丰富的想象力，其中可以看到设计者独特的构思与对设计的不断追求。建筑形态舒展、连续而随山势有起伏，造型手法简洁生动，设计成图完整，有较好的表现力。

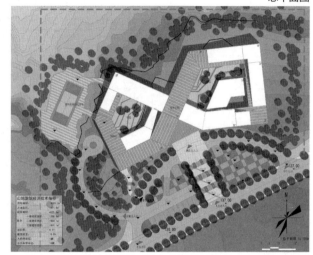

形体分析图

剖面图一

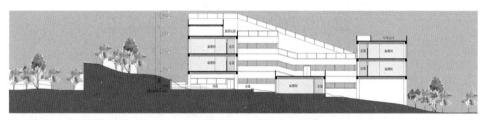

剖面图二

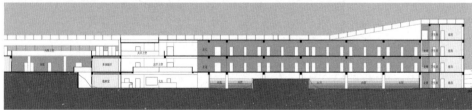

立面图

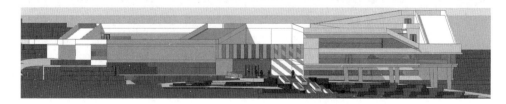

分析图

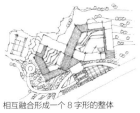

融入型山体建筑形态体现

共构型山体建筑形态体现

相互融合形成一个 8 字形的整体

建筑形态曲折，与山地结合

西南鸟瞰图

东北鸟瞰图

三层平面图

二层平面图

一层平面图

157

设计任务三作品评析：山地旅游度假旅馆建筑设计

设计者：郭健　　指导老师：戴瑞峰

总平面图

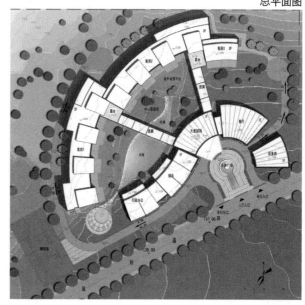

总平面图

　　设计者根据山地地形条件，采用了共构型山地建筑处理手法，"依山就势"，建筑的聚合、轮廓随等高线顺应山势走向，尽量减少填、挖土方，保护山体自然环境，并且合理地利用空间与山体"共融"，并形成了较为良好的接地状态。设计者采用了"地表式阶梯型"，建筑形态舒展贴地，较好解决了山地建筑竖向设计问题。建筑分为公共区域和客房区域两部分，即服务空间和被服务空间，前后功能区域之间通过连廊使之相互联系起来，功能分区明确，动静分离，并通过连廊的围合形成不同特性的院落空间，带来较为良好的观景视线。由于风向原因，将厨房位置靠东面设置，以免影响客房部分，餐厅紧靠入口门厅，可对外营业；交通组织上采用人车分离，互不干扰，机动车道沿建筑设置，坡度设置合理。

观景视线分析图

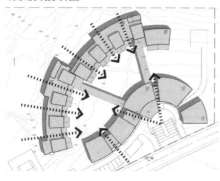

设计草图

鸟瞰图

透视图

剖面图

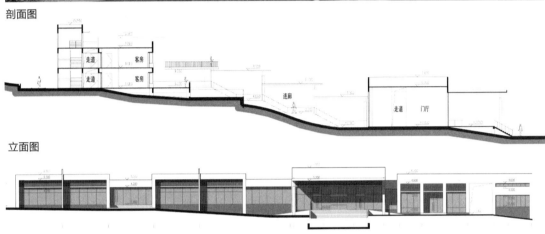

立面图

底层平面图

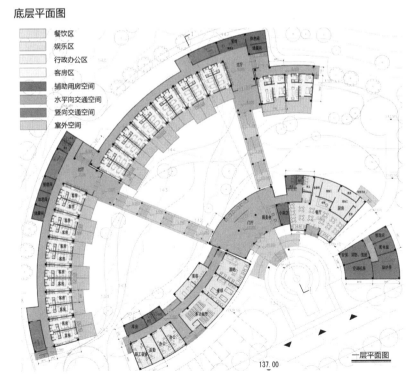

- 餐饮区
- 娱乐区
- 行政办公区
- 客房区
- 辅助用房空间
- 水平向交通空间
- 竖向交通空间
- 室外空间

137.00

一层平面图

套房平面图

标准客房平面图

设计任务三作品评析：山地旅游度假旅馆建筑设计

设计者：杨晓菊　　指导老师：宗轩

总平面图

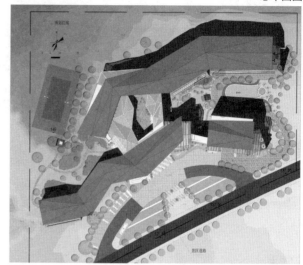

　　设计者希望从自然出发，营造一种归家、归隐的空间意境。设计中注重建筑底面与山地基面的关系，建筑的高程与基地密切结合，顺应地势，争取最少的土方量。在功能布局上也是与地势相结合，入口坡道区处于地势较低缓区，主入口平台则是各个功能区的一个过渡区。餐厅对外开放并与门厅有联系，建筑主体客房则顺应地形布置在基地后部坡度较缓区域，保证北侧山地对客房的北向视野并无遮挡。娱乐区域设置在西北侧地势较高的区域，人们能够迅速到达山体最高处远眺和运动。前后两部分建筑体量通过一个类似晶体的玻璃体块相接，并由此形成三个庭院——一个内庭院和两个半围合庭院，前者给予旅馆内敛气质，而后者是对原地形的一个完善，拥有观赏和休闲娱乐的功能。建筑整体效果上，基本上采用自然的材料，大片木质材料的使用表现是对自然的尊重，起伏的坡顶与山体的起伏相呼应，石质的基座给予建筑稳定感，晶体般的玻璃盒子犹如山中宝贵的矿石，熠熠生辉。

鸟瞰图

流线分析图

流线分析图

景观分析图

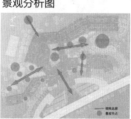

功能分析图

南立面图

东立面图

1-1 剖面图

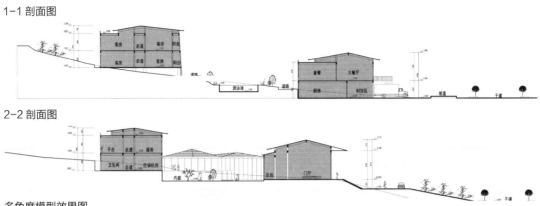

2-2 剖面图

多角度模型效果图

底层平面图

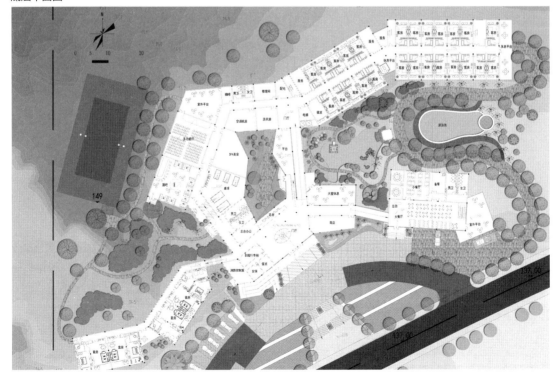

设计任务三作品评析：山地旅游度假旅馆建筑设计

设计者：潘佳妮　　指导老师：宗轩

设计基地位于安徽郎溪县某山地风景旅游度假区。设计需要建造的旅馆建筑共2层，一层21间套房，二层18间套房，共41间双床间客房，并配备相应的公共服务设施，一层占地面积约2 800m²，两层的总建筑面积为3 954.58m²。室外有停车场、垂钓区、网球与羽毛球场地，功能设施全面。建筑依据地形分散布置，形成6个相对分散的形体，来应对地形起伏带来的压力，整个建筑以长廊和台阶相连，南北高低落差达8m，客房部分分布在最南端景观最佳位置，中间部分为辅助设施，6~8间客房形成一个服务单元，折线型的平面使每个客房都有其私密性，能够舒适安静安置身于自然风景中。连廊围合成两个开放式的庭院，作为露天餐厅及咖啡厅，与娱乐区和餐饮区联系较好，方便舒适。建筑屋顶以两坡屋面为主，结合折型平面，双坡屋面错落组合、反复出现，打破了建筑原本较敦实的体量感，与高低起伏的山地形态能较好融合。

鸟瞰图

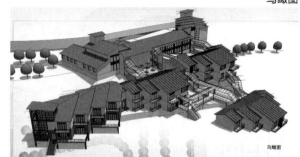

总平面图

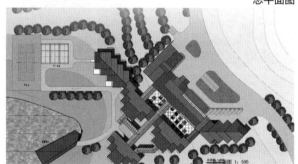

效果图

剖面图

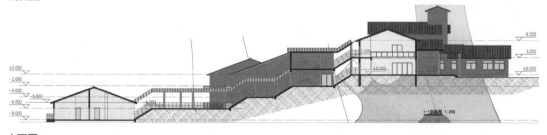

立面图

二层平面图

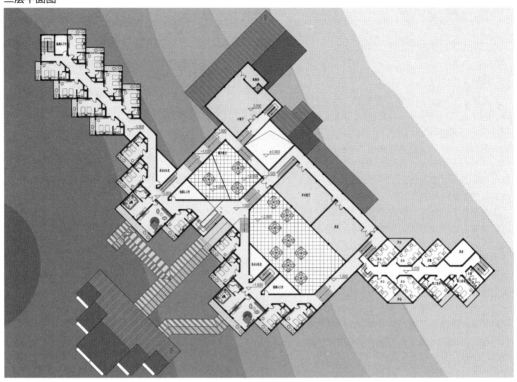

底层平面图

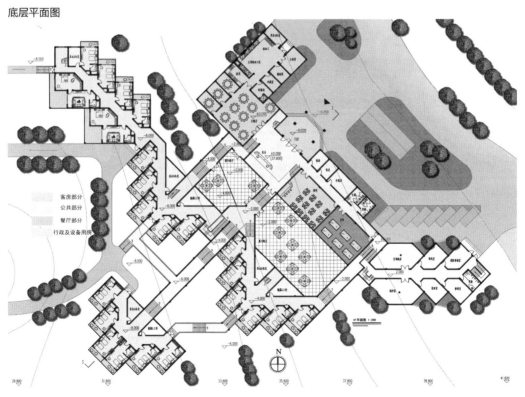

设计任务三作品评析：山地旅游度假旅馆设计

设计人：李丰庆　　指导老师：宗轩

本设计意向灵感源于《桃花源记》，"缘溪行，忘路之远近，忽逢桃花林，夹岸数百步，中无杂树，芳草鲜美，落英缤纷"。设计者希望通过设计将人们带回到桃花源，使住客在此可以得到彻底的放松。在此概念指导下，设计的建筑与周边自然环境尽可能融合，让景观面朝向湖面最大程度地开放，并注重室内外空间的结合与流动。

设计地形比较紧张，采取围合式布局是相对紧凑高效的空间组织形式。外侧沿路为设置外向型功能，大堂、功能活动、餐饮，以及厨房货运等与外部联系较为紧密的功能；客房则层叠布置在基地内侧，沿等高线平行南北向布置；东西两侧设置连廊起到联系功能与空间的作用。设计结合地形、地貌，建筑体块衔接充分，屋顶跌落有层次感，景观丰富，形成了高低错落，疏密有致的建筑形态。造型上采用4片大小不同挑空钢屋面形成错落感，整体形态较为统一的基础上有细部变化。

总平面图

鸟瞰图

方案推演图

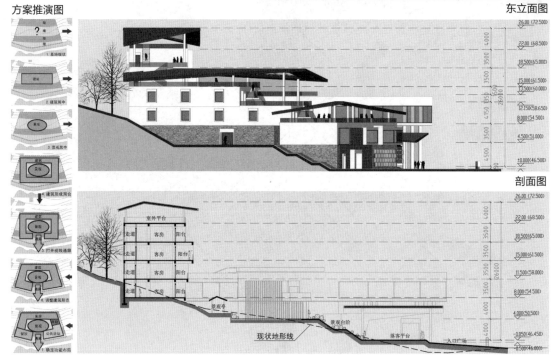

东立面图

剖面图

164

五层平面图

四层平面图

三层平面图

二层平面图

一层平面图

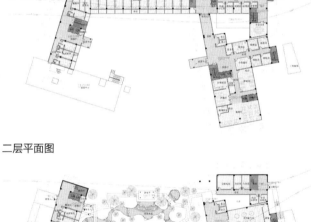

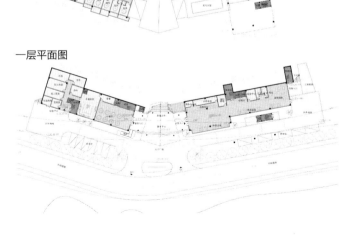

设计分析图

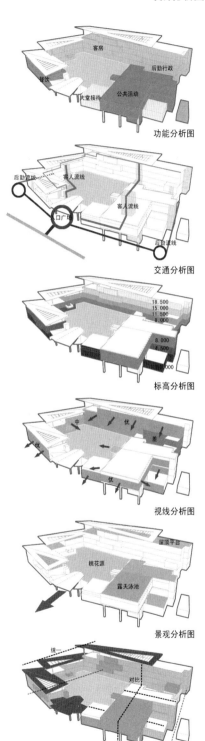

功能分析图

交通分析图

标高分析图

视线分析图

景观分析图

形体分析图

设计任务四 四川遂宁大英县山地度假宾馆设计

⊙ 设计内容

设计基地位于四川遂宁大英县风景旅游区内。基地周围由树林与湖面环抱，环境清幽，基地内无需要保留植被，基地之间为对外联系道路。基地用地面积约 9 000m²，拟建一座山地旅度假宾馆，建筑面积控制在 5 500~6 500m² 以内，不包括环境景观中心的亭、廊、榭等园林建筑面积。设计应充分考虑依山傍水的自然环境，设计结合自然，体现灵巧、活泼、丰富的建筑风格，不允许破坏山水景观的完整性。拟建建筑高度不超过 20m，基地一拟建建筑层数不超过 5 层，基地二、基地三拟建建筑层数不超过 4 层。建筑退红线要求：建筑沿道路退 6m，其余各边界退 3m；用地建筑容积率不得大于 0.75，建筑密度不得大于 35%，绿地率不得小于 40%。场地内布置一定数量的停车位，可停靠小型车 15 辆、大型旅游巴士 2 辆，其他使用功能面积指标可参照《旅馆建筑设计规范》所规定的二 / 三级标准进行设计。

⊙ 主要建筑面积（包含交通面积）要求

（1）客房部分：约 3 000~3 500m²，设置如下：

标准双床间 60 间，双套间套房 6 间；

双床标准客房建筑面积不小于 25m²；

按服务单元设置楼层服务间，一般管理客房 12 ~ 20 间；楼层服务间包括：工作间、贮藏、开水及服务人员卫生间。

（2）公共部分：约 400m²，需要结合平面布局设置如下：

门厅、大堂、大堂休息等公共休息空间；

总台服务、行包储存、公共卫生等公共服务用房。

（3）餐饮部分：

餐厅除满足旅馆内部旅客的使用外，也可根据设计需求对外营业：

约 500m²，设置 1 间大餐厅、1 间小餐厅，大餐厅内可配置包房；

餐厅面积与厨房面积按照最少 1 : 0.6 的餐厨比配置。

（4）康乐部分：约 400m²，根据使用需求可设置酒吧、桌球、棋牌、KTV、多功能厅等。

（5）行政部分：约 200m²，设置供旅馆办公及服务人员使用，设置如下：

办公室：20m²×4 间；后勤库房：40m²×1 间；职工宿舍：40m²×2 间，男女各一间。

（6）设备用房：约 250m²，设置如下：

配电室：30m²；

空调机房：70m²；

锅炉房：70m²；

修理间 30m²；

安保、消防控制室及值班室 50m²。

（7）走道、卫生等，根据使用需求设置。

⊙ 设计周期

设计周期为 16 周 。

⊙ 成果要求

设计成果要求详见 3.2 节。

地形图

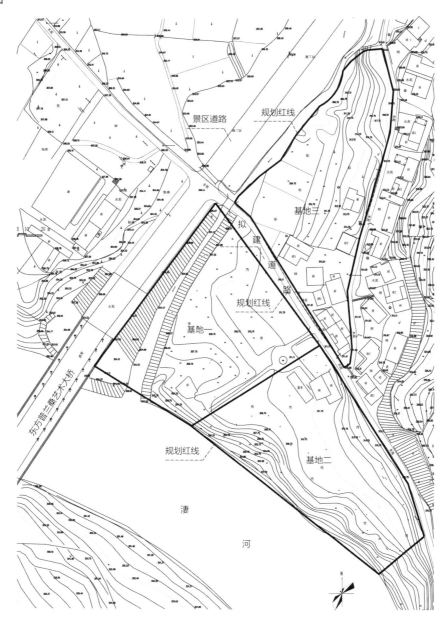

地形分析

基地一：基地临近十字路口，处于两条主要道路的街角，具有便利的交通，基地内部地形较为舒缓，易于处理。设计中要注意基地内部流线的设计以及场地主次入口的选择对基地外道路的影响。

基地二：基地东北部紧邻拟建道路，内部地形较舒缓，西南部坡度较陡，设计中要注意建筑方位的选择以及交通流线的便捷性。

基地三：基地较狭长，位于两条主要道路的街角，交通便利，内部地形变化较多，相对较陡，设计中要注意内部流线对外部交通的影响，以及利用地形的变化解决建筑内部的高差以及外部形体的丰富。

设计任务四作品评析：四川遂宁大英县山地度假宾馆设计

设计者：叶凯　　指导老师：宗轩

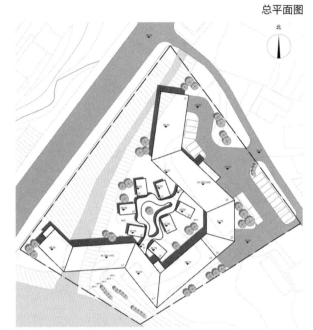

总平面图

旅馆建筑有固定的建筑模式，建筑因功能的不同将它们类型化、模式化。本方案思考如何在原有模式的基础上，从建筑空间出发，摆脱机械的复制，更多地关注建筑与环境给予使用者的心理感受。本设计具有较高的构思起点，最早的构思是从两个方向切入，一是对于基地的分析，掌握地形，有利于后续形式的展开和推敲；二是从"融入""尺度""景观""家宅"四组关键词中提炼建筑语言，并将"暧昧空间"作为架构融入设计中。设计通过建筑形体的转折，为客房获取了更多的景观面。建筑转折后行成的凹、凸空间与地形对话，使建筑融于地形。公共部分的建筑空间自由组合，进入其中的旅客或停留、或行走，连接大堂与客房部分的连廊将三面围合的建筑庭院划分成 4 个大小不等、形状不同的庭院，一些公共空间顺应地形散落在庭院之中，形成了室内空间与室外空间的对话、公共空间与私密空间的对话、确定性空间与不确定性空间的对话。设计者最终希望营造一个多样性、趣味性、充满体验性公共空间的同时，也能够满足个人空间的私密性需求，建立公共与个人共享的良好空间。最终设计图纸完整深入，构图及色彩和谐，从另一个侧面表达设计者对于建筑空间的意境构想，为最终的设计方案增色。

鸟瞰图

北立面图

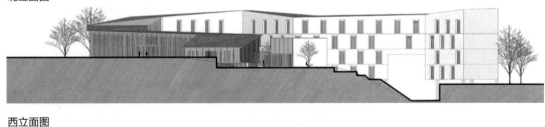

西立面图

1-1 剖面图

2-2 剖面图

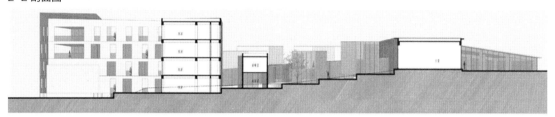

底层平面图

多角度模型效果

设计任务四作品评析：四川遂宁大英县山地度假宾馆设计

设计者：张琳娜　　指导老师：马怡红

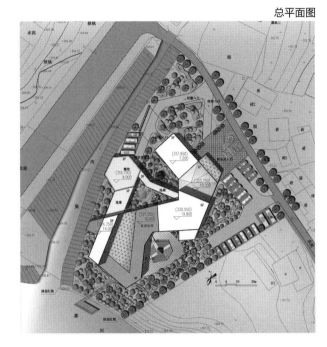

　　建筑形体的丰富需要设计者拥有更多的形态控制能力与形体协调能力，本设计特点在于与山地地形条件相适应的前提下，建筑功能布局及公共交通组织合理，同时建筑空间及建筑形态较为错落丰富，但仍需要继续完善形态设计能力。建筑与地形条件相结合，以公共交通为主线不断向基地内部深入，公共交通将大堂、庭院、电梯厅、走廊和内院等公共空间串接起来，室内与室外空间相互融合，空间节奏舒缓有致，通过建筑的扭转与切割，形成具有不同围合感和景观的建筑室内外空间。设计者将餐饮作为建筑形态的中心，设计由此为起点并形成环形螺旋，至旅馆客房为止，餐厅形态独立，货运远离主体建筑，为独立的园林式客房幽雅的环境的营造创造了条件。本设计最终图纸表达完整，制图规范。

透视图

视线分析图

鸟瞰图

北立面图

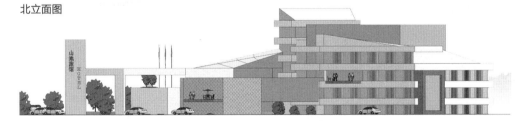

东立面图

多角度模型效果图

剖面图

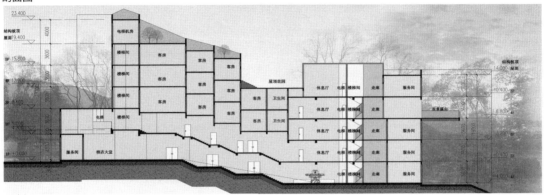

底层平面图

三层平面图

二层平面图

设计任务四作品评析：四川遂宁大英县山地度假宾馆设计

设计者：周宏樑　　指导老师：宗轩

鸟瞰图

　　设计者意在追求谦逊厚重的建筑形象，希望建筑能展现"仁者乐山、智者乐水"的君子形象，因而在总体布局中建筑形体采用轴线对称的形式，并以围合的形式出现，结合地形条件，形成"坐北朝南"的庄重态势。建筑平面布局中，为避免呆板的空间形态，将建筑体量尽量分散弱化，各功能空间以大堂为中心分散布置，各部分能自成一体，通过公共走道及室外庭院相连，动静分开，互不干扰。但建筑沿基地伸展延长，在客房取得良好景观面及保证视线通达性之外，也带来了交通流线过长的不利。造型结合度假建筑和山地建筑的自身特点，建筑形体高低组织较为合理，建筑采用暖色调，也比较符合建筑性格。设计者在最后成图阶段，用模型和环境渲染刻画了建筑与山水间悠然的姿态，为最终的方案增色不少。

总平面图

鸟瞰图

立面图一

立面图二

效果图

剖面图

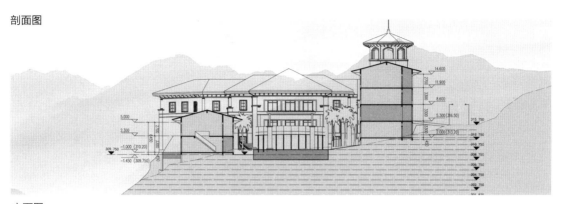

立面图

底层平面图

二层平面图

三层平面图

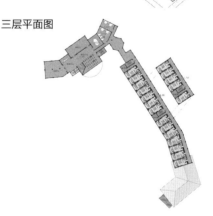

设计任务四作品评析：四川遂宁大英县山地度假宾馆设计

设计者：符岳林　　指导老师：周琳琳

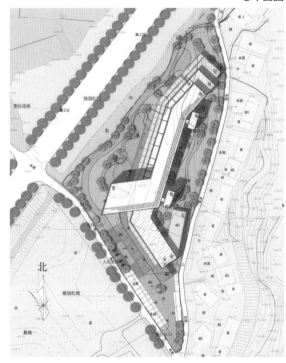

设计基地周围由树林与湖面环抱，景观资源丰富。设计中强调建筑与山体形态的融合，建筑形体与地形、地形与地肌的协调，因此建筑设计总高度不超过山体高度，建筑采用阶梯式与山体相接，顺应山体山势层层退台，并利用退台形成的屋面打造多个观景露台。方案采取相对集中布局，各功能用房通过公共交通连接，一层设置公共服务、康乐、行政辅助和设备用房，康乐部分直接和室内露天泳池联接；二层设置餐饮用房。设计中注意客房的景观设置，客房均布置在优势景观面、无视线遮挡；套房布置于景观最好、视线最佳的顶层，顶层悬挑部分设有观景大厅，是本设计中最为出彩之处。建筑呈线形舒展布置，并在主入口侧扭转变化，既突出了建筑主入口的空间特征，又为建筑带来了动态之感，但在立面的细部刻画上有待深入，以形成更为有韵律感的建筑形象。

概念草图

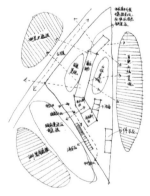

效果图

立面图

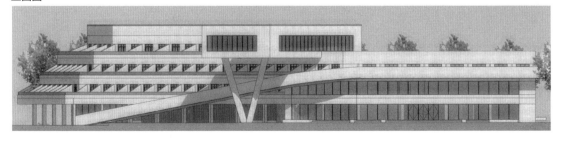

透视图

剖面图

底层平面图

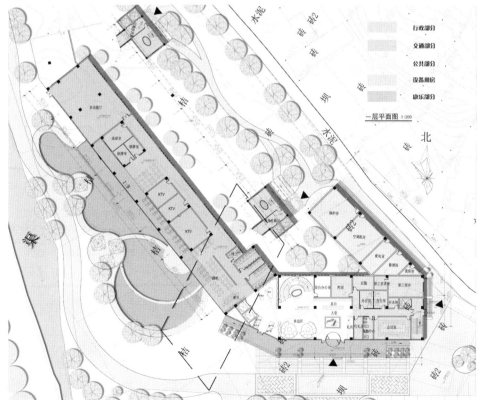

设计任务四作品评析：四川遂宁大英县山地度假宾馆设计

设计者：邱如刚　　指导老师：宗轩

总平面图

　　设计地形条件南低北高，西侧有河流，景观环境条件优越，南侧地势平坦有道路，因此将基地主入口设置在南侧，东侧为辅助出入口。设计者将旅馆主体建筑沿等高线布置，依据山势等高线的高差，在空间形态上将 U 形建筑体块进行排列、转折与叠加，运用玻璃连廊将各体块连接，使建筑富有较好的整体感与韵律感。建筑造型的虚实变化与山地形态相互融合，较好地突出了山地建筑依山就势的特点。不同建筑体量之间的排列叠加，使得整个建筑形成了多个开放空间和半开放空间，U 形的建筑体块围合成多个室外庭院，营造更多趣味性和观赏性空间。在旅馆的主入口处理上，设计者将主体建筑退让道路 17m，形成了较为开阔的入口广场，车辆在基地东侧停放，对建筑内部影响较小。入住者从大堂进入，交通组织较为顺畅，从公共空间的动逐渐过渡到私密空间的静，虽然路线较长，但也不失趣味性。在建筑立面设计上，设计者采用玻璃幕墙和暖色实墙进行虚实结合，但"四叶草"状的开窗具有较强符号性，在设计中需要斟酌使用。最终设计成果中设计者有序地将设计思考、设计进程展现出来，是值得学习的一种操作方式。

功能分析图

形态分析模型

透视图

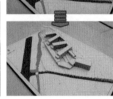

分析图

鸟瞰图

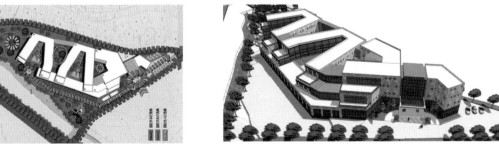

立面图

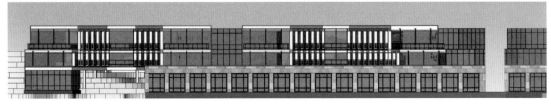

二层平面图

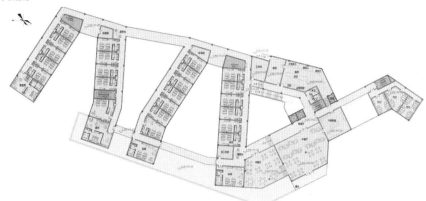

底层平面图

剖面图

透视图

透视图

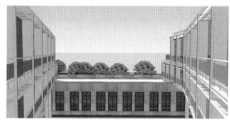

透视图

设计任务五 山地养生会所设计

⦿ **设计内容**

自选南方某山区用地，建一座养生为特色的山地会所建筑，需充分考虑依山傍水的自然环境，设计结合自然，体现灵巧、活泼、丰富的建筑风格。建筑不允许破坏山水景观的完整性。同时应充分阐述选取地块与地区的自然与人文特点，并在设计中充分体现。建议每小组在评价优选基础上，集中选取 1~2 块用地作为小组目标用地，并得到小组指导老师的认可。

建设用地要求面积在 1.0 万 ~1.5 万 m²，应考虑机动车通行至基地，并设置相应的道路与停车场地。建设用地应具有一定的高程差。基地内南北两侧高程差不应小于 20m，东西两侧暂不要求。基地内不宜存在断崖、陡坡等用地，等高线总平面表达时可表达为等高线 2m 高差，等高线应舒缓有致，基地内不可出现极陡与极缓地形。建筑控制线要求沿道路退红线 10m，其余各边退 6m。设置广场、室外活动场地与运动场地。建筑高度不超过24m（5 层及以下）。

建筑的剖面设计应紧密结合地形地势变化，扬长避短，土方基本自我平衡；合理进行功能分区与流线安排，建筑形象与自然环境相协调，与地域文化环境相协调。安排好建筑与场地、道路交通方面的关系，布置一定数量的停车位及绿地面积。设计垂钓、健身等户外活动场地。停车位：小型车 20 辆（车位按 3m×6m），中型旅游巴士 4 辆（车位按 4m×9m）。

⦿ **主要建筑面积（包含交通面积）要求**

总建筑面积控制在 7000~7500m²。（给定的建筑面积不包括环境景观中心的亭、廊、榭等园林建筑）

（1）门厅及总台：150m²；值班：15m²。

（2）医疗部分（400m²）：

  护士站：30m²；

  医疗诊断室：6 间，每间 15 ~ 20m²（每间设置洗手盆）；

  化验间：60m²；

  综合医技检查：60m²。

（3）养生、健身、文化、娱乐部分（2 000m²）：

  室内或室外泳池（二选一）：室内泳池大小 10m×20m；室外泳池面积大于 300m²；

  男女更衣间：每间 45m²（各含淋浴间 4 间，厕所隔间 2 间）；

  健身器械室：100m²；

  瑜伽室：2 间，每间 45m²；

  图书及电子阅览室：90m²；

  卡拉 OK 演唱室：3~4 间，每间 30m²；

  棋牌室：6 间，每间 20m²；

  茶室：60m²；

  多功能厅：150m²。

（4）餐饮部分（600m²）：

  包括大、小餐厅、酒吧、厨房等，依据面积标准自行配置。

（5）客房部分（3 000m²）：

　　双人或单人间共 60 间，每间 36m²，均设独立卫生间（需设置浴缸）；

　　12 间客房为一个服务单元，每个服务单元设楼层服务间，包括贮藏及服务人员卫生间。

（6）行政办公室 6 间，每间 15～20m²；

　　员工宿舍 8 间，每间 20m²；配电间：60m²；

　　休息平台、楼梯、卫生、库房等面积依据设计要求自定。

◉ **设计周期**

设计周期为 16 周。

◉ **成果要求**

设计成果要求详见 3.2 节。

◉ **地形图**

自行选择基地，基地面积 1~1.5hm²；建筑密度 20% 以下。

学生自选基地 1

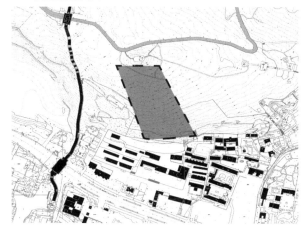

地形分析

基地位于一片缓坡上，北侧为道路，南侧为石梅中学、石梅小学和常熟一中组成的一片教学用地，西侧为一处延绵的古城墙。希望使用基地中的老年人可以和校园中的青少年产生良性互动，因此从设计理念出发确定了用地范围：一片狭长的矩形地块，等高线分布均匀，用地平缓。由于基地跨越的高差较多，基地走势垂直于等高线，在设计中应特别注意建筑形体结合高差设计，避免建筑中有过多的竖向交通，引起使用不便。

学生自选基地 2

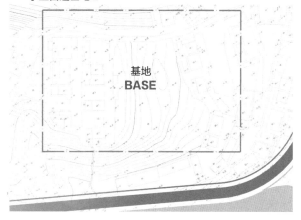

地形分析

基地东西端高差达 30m，北侧有城市道路，在设计中应注意与场地交通的结合，南侧有部分等高线较为密集的区域，不利于布置建筑，应注意避免。设计者选择将用地西面已有的一片砖房拆除，在设计时可利用这片已经过高差整合的空间进行设计。

设计任务五作品评析：山地养生会所设计

设计者：伍文波、王金科　　指导老师：宗轩

设计需要理想，更需要对理想的坚持，每个设计的完成都需要排除很多的困难，解决很多问题。该设计理想是希望这个医疗养生会所不但是老人的居所，更能成为孩子们的天堂，希望能把校园里的孩子吸引到场地中来，与疗养院里的老年人产生互动，丰富空间，为老年人的生活带来更多的乐趣。

为了实现这个目的，设计者在建筑中设计了一条长长的"纽带"以联系疗养院和学校，这条"纽带"是贯穿场地的一条廊道，将若干个矩形功能体块串联起来，廊道内部是供老年人行走和活动的交流空间，顶部是供青少年活动的富有趣味性的波浪状屋顶平台。

屋顶平台作为此设计的亮点，在形式纯粹的前提下，如能增强屋面平台功能与活动内容的多样性，则将使建筑更加富有活力。

故事缘起

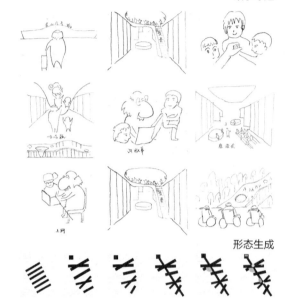

形态生成

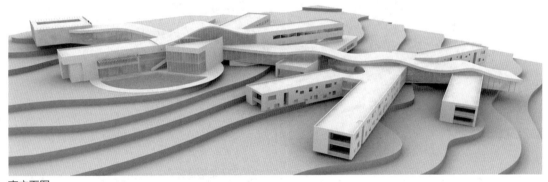

南立面图

西立面图

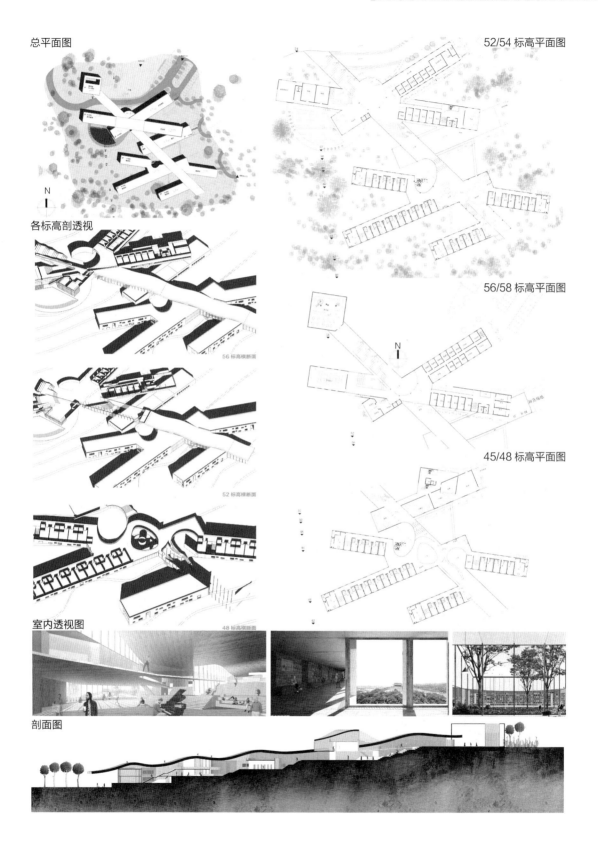

总平面图

各标高剖透视

室内透视图

剖面图

52/54 标高平面图

56/58 标高平面图

45/48 标高平面图

设计任务五作品评析：山地养生会所设计

设计者：章为洲、朱鹏吉 指导老师：宗轩

总平面图

　　若临水而望山，建筑与人该如何相处？此设计展示了建筑与人之间交流的一种新的可能性。设计者希望使用者能最大限度地感受场地独特的景观特征，通过在场地和建筑中的漫步，全方位地感受与环境的交融。为此，设计者设计了一条蜿蜒曲折的屋顶平台从场地最高处一直延续到最低处，将建筑和山体及周边环境紧密结合在一起。

　　建筑由若干折线型体块组成，体块之间通过坡屋顶和室外庭院联系，包括休闲娱乐区、餐饮区、客房区、医疗区和办公辅助区，舒展的体块使得每个区域都能获得良好的景观，竖向交通组织不仅合理地利用了山地的高差，也使建筑内部空间与外部屋顶平台之间产生便利的联系，使室内外空间进一步融合。延绵的屋顶平台是新的交流空间，是吸引使用者停留的室外休闲空间。疗养院的使用对象以老年人为主，舒缓而倾斜的坡道将使老人的行动更加方便，希望能更加增强屋面活动平台及室外空间的活动性，使空间的意义更加饱满。

构思手绘

总体鸟瞰

沿湖透视

平面图

空间与功能分析

东立面图

剖面图

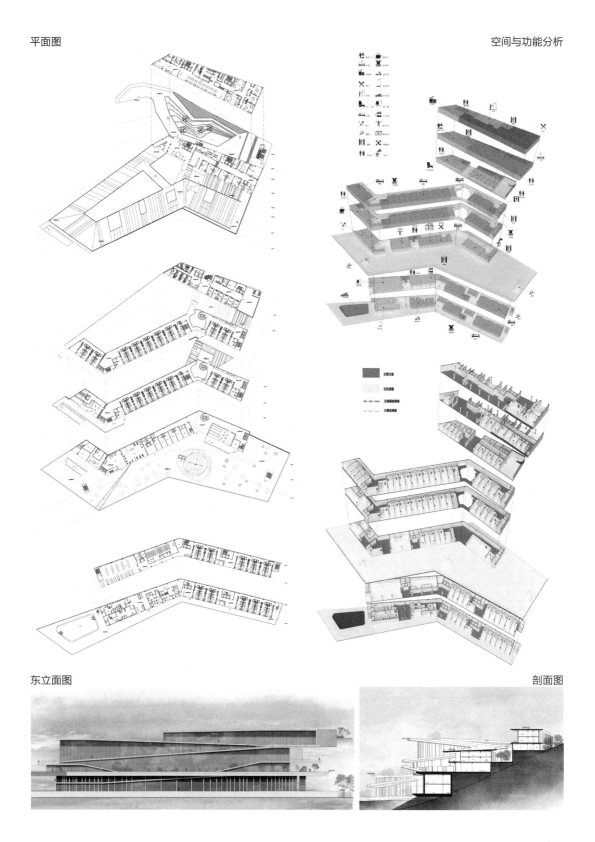

设计任务五作品评析：山地养生会所设计

设计者：张涛　　指导老师：宗轩

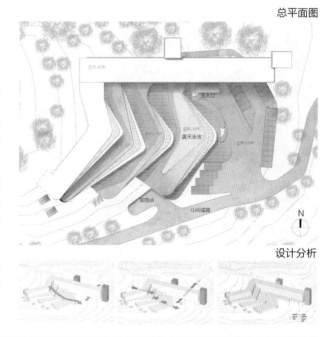

设计基地西高东低，等高线与东西向平行，设计如果将建筑全部平行于等高线设置，虽可以设计较好结合地形，但也会损失建筑朝向，使大部分居住客房为东西向。因此，设计采取了垂直等高线与平行等高线结合布局方式，充分利用地形特点，不但可使室内功能空间享有优越的景观面，也能使大部分客房拥有南向采光，更能结合地形、应地取势。

设计由两个体块构成。垂直于等高线的矩形体块内，一二层为门厅、医疗区和办公区，三层至五层是客房可获得南向采光。另一部分的体块为平行于等高线、逐层跌落的不规则折线体块，主要功能为公共活动区，四层、五层为客房，可获得良好的景观面。折线体块与室外流线型景观平台相结合，形成了丰富的空间效果。建筑在横向和纵向上都进行了合理的分区，避免相互干扰。

设计分析

效果图

南立面图

东立面图

平面图

建筑模型

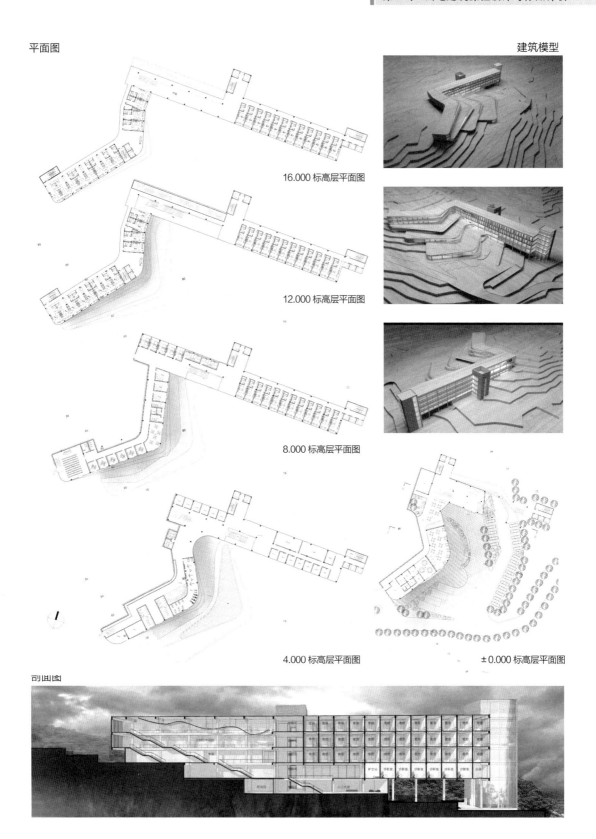

16.000 标高层平面图

12.000 标高层平面图

8.000 标高层平面图

4.000 标高层平面图

±0.000 标高层平面图

剖面图

设计任务五作品评析：山地养生会所设计

设计者：李伟　　　指导老师：宗轩

设计者围绕使用者和山体环境，营造建筑为石、山谷为水的整体景观性，利用建筑阶石、庭院、挑廊等，结合地形成丰富的景观层次，达到与环境、与自然、与他人之间多层次互动。

方案从场地分析入手，充分利用山体的自然坡度及景观性，结合餐饮、公共休闲活动、客房三大主要区域的功能、朝向及景观性要求，对建筑空间进行左右、上下和层进的合理组织。庭院式布局有利于建筑功能布局组织。设计通过两个主要庭院来组织功能与空间，一个北向客房区域院落，另一个是南向公共活动区域院落，动静区分得当。南侧外向庭院结合地形为多级景观空间，空间形象完整、丰富，交通联系紧凑。院落不同方向设置不同性质出入口，将顾客出入口、食堂出入口、办公入口和货运入口都进行了区分，流线清晰，可有效避免干扰。

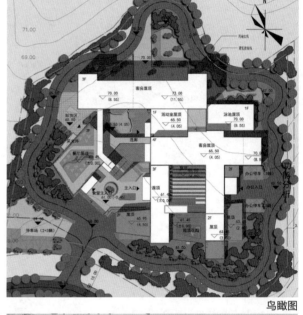

方案生成图

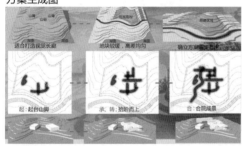

透视图

鸟瞰图

南立面图

西立面图

透视图

1-1 剖面图

三层平面图

四层平面图

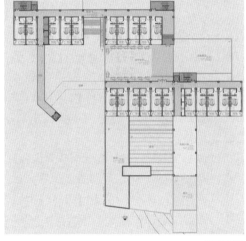

二层平面图

一层平面图

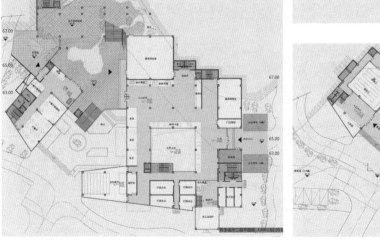

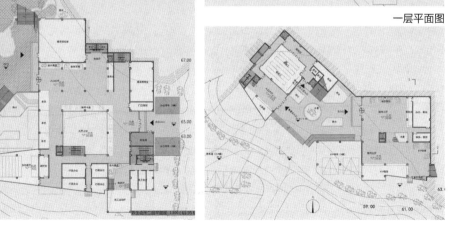

参考文献

[1] 卢济威，王海松.山地建筑设计.北京：中国建筑工业出版社，2001.

[2] 鲍家声.建筑设计教程.北京：中国建筑工业出版社，2009.

[3] 彭一刚.建筑空间组合论（2版）.北京：中国建筑工业出版社，1998.

[4] 陈志华.外国建筑史（4版）.北京：中国建筑工业出版社，2010.

[5] 张文忠.公共建筑设计原理（4版）.北京：中国建筑工业出版社，2008.

[6] 张锦秋.物华天宝之馆.北京：中国建筑工业出版社，2008.

[7] 卢元鼎，陆琦.中国民居建筑艺术.北京：中国建筑工业出版社，2010.

[8] 赫曼·赫兹伯格.建筑学教程2：空间与建筑师.刘大馨，古红缨，译.天津：天津大学出版社，2003.

[9] 顾馥保.建筑形态构成.武汉：华中科技大学出版社，2008.

[10] 陈文捷.世界建筑艺术史.长沙：湖南美术出版社，2004.

[11] 孔宇航.建筑剖切的艺术.南京：江苏人民出版社，2012.

[12] 张伶伶，孟浩.场地设计（2版）.北京：中国建筑工业出版社，2011.

[13] 李必瑜，魏宏杨.建筑构造（4版）.北京：中国建筑工业出版社，2008.

[14] 褚东竹.开始设计.北京：机械工业出版社，2010.

[15] （美）保罗·拉索.图解思考.邱贤丰，刘宇光，郭建青，译.北京：中国建筑工业出版社，2002.

[16] （意）马泰罗·阿尼奥莱托.伦佐·皮亚诺.赵劲，译.大连：大连理工大学出版社，2011.

[17] 薛恩伦.弗兰克·劳埃德·莱特：现代建筑名作访评.北京：中国建筑工业出版社，2011.

[18] （英）若弗雷·H·巴克.建筑设计方略：形式的分析.王玮，张宝林，王丽娟，译.北京：中国水利水电出版社，2005.

[19] （美）布拉福德·铂金斯.中小学建筑.舒平，许良，汪丽君，译.北京：中国建筑工业出版社，2005.

[20] （德）丹尼尔，安琪.缤纷酒店.沈阳：辽宁科学技术出版社，2007.

[21] （西）F·阿森西奥.世界小住宅5：高地别墅.张国忠，译.北京：中国建筑工业出版社，1997.

[22] （英）凯斯特·兰坦伯里，罗伯特·贝文，基兰·朗.国际著名建筑大师建筑思想·代表作品.邓庆坦，谢希玲，译.济南：山东科学技术出版社2006.

[23] （英）理查德·威斯顿.建筑大师经典作品解读.大连：大连理工大学出版社2006.

[24] （德）马克·杜德克.学校与幼儿园建筑设计手册.贾秀海，时秀梅，泽.武汉：华中科技大学出版社，2008.

[25] （意）达涅拉·勃诺吉.彼得·艾森曼.大连：大连理工大学出版社，2011.

[26] （美）彼得·布坎南.伦佐·皮亚诺建筑工作室作品集（第2卷）.周嘉明，译.北京：机械工业出版社2003.

[27] 中国建筑设计研究院.织梦筑鸟巢：国家体育场（设计篇）.北京：中国建筑工业出版社，2009.

[28] 大师系列丛书编辑部.里卡多·列戈瑞达.武汉：华中科技大学出版社，2007.

[29] 大师系列丛书编辑部.普利茨克建筑奖获得者专辑.武汉：华中科技大学出版社，2007.

[30] 大师系列丛书编辑部.彼得·卒姆托.武汉：华中科技大学出版社，2007.

[31]　大师系列丛书编辑部 . 弗兰克 · 劳埃德 · 莱特 . 武汉：华中科技大学出版社，2007.

[32]　郝树人 . 现代饭店规划与建筑设计 . 大连：东北财经大学出版社，2004.

[33]　张忠饶，李志民 . 中小学建筑设计（2 版）. 北京：中国建筑工业出版社，2009.

[34]　刑瑜，王玉红 . 宾馆环境设计 . 北京：人民美术出版社，安徽美术出版社，2007.

[35]　北京万创文化传媒有限公司 . 世界顶级酒店 . 大连：大连理工大学出版社，2010.

[36]　罗运湖 . 现代医院建筑设计（2 版）. 北京：中国建筑工业出版社，2010.

[37]　丁三 . 建筑景观细部创意 . 北京：机械工业出版社，2008.

[38]　邵松 . 建筑立面细部创意 . 北京：机械工业出版社，2007.

[39]　《建筑设计资料集》编委会 . 建筑设计资料集 3（2 版）. 北京：中国建筑工业出版社，1994.

[40]　《建筑设计资料集》编委会 . 建筑设计资料集 4（2 版）. 北京：中国建筑工业出版社，1994.

致 谢

    本书是同济大学"十二五"规划教材之一。编写这本书需要来自各方面的资料,感谢同济大学出版社给予的实践项目资料方面的帮助。在编写过程中参考了一些文献资料,再次对于给予我们工作以支持的作者,特别是卢济威先生、彭怒女士、江岱女士,还有积极提供课程设计作品案例的同学们表示衷心的感谢。

    在教材的编写过程中,研究生肖铧同学参与本书中第二章第一至第五小节部分内容的撰写工作,研究生龙羽、李阳夫、田玉龙、郭斯文同学参加了相关章节的图文资料的整理、绘制工作,在此一并致以真诚的感谢。

    自从我第一年开始教授建筑设计课程,就希望能够有机会、有时间编写一本对同学们学习建筑设计能有所裨益的教材。希望通过这本教材图文并茂的讲授方式,为学习山地建筑设计的学生呈现一条直观而易行的路径,利用书中的图解分析来帮助建筑设计初学者学会建筑设计语言,从而可以准确地表达设计意图。

    谨以此书献给我的学生们,希望你们的设计之路能够更加宽广。

再版后记

2018 年 5 月，爱华编辑致电，邀请我对《图说山地建筑设计》进行再版，并希望能增加山地建筑经典案例与学生优秀作业案例的内容，称这部分内容很受同学们的欢迎。我自当受命，于 2018 年 5 月至 2019 年 5 月间做了三项工作，一是对山地建筑经典案例进行收集、遴选与评析等工作；二是择选了近几年的优秀学生作业案例，对第一版的学生作业案例进行替换与增补；三则是对第一版存在的一些疏漏之处进行了修改与调整。2020 年 5 月，收到第 2 版的通读稿，欣喜之余不免些许遗憾，总是希望能将更好的呈现给读者，可以真正地帮助建筑设计初学者掌握建筑设计的方法与语言，也希望学生们能通过此书有更多的收获。

还需要感谢博士研究生肖韦老师，她从福州大学建筑学院重新回到同济攻读建筑学专业博士学位，协助我完成了第二版新增部分的图文资料的整理与编辑工作，再次致谢。

希望此书再版能更多地帮助到同学们，也希望同学们的设计之路能更加顺畅！

谨以此书献给我的学生们！

宗　轩
2020 年 6 月于沪上寓所